宝宝这一年

baby this year

侯魏魏·著

3岁，规则意识建立关键期

北京理工大学出版社
BEIJING INSTITUTE OF TECHNOLOGY PRESS

图书在版编目（CIP）数据

宝宝这一年：3岁，规则意识建立关键期 / 侯魏魏著. —北京：北京理工大学出版社，2012.7（2019.11重印）

ISBN 978-7-5640-5874-6

Ⅰ. ①宝… Ⅱ. ①侯… Ⅲ. ①儿童心理学②儿童教育：家庭教育 Ⅳ. ①B844.12②G78

中国版本图书馆CIP数据核字（2012）第083697号

出版发行 / 北京理工大学出版社
社　　址 / 北京市海淀区中关村南大街5号
邮　　编 / 100081
电　　话 / (010)68914775(办公室) 68944990(批销中心) 68911084(读者服务部)
网　　址 / http://www.bitpress.com.cn
经　　销 / 全国各地新华书店
印　　刷 / 三河市冠宏印刷装订有限公司
开　　本 / 660毫米×960毫米　1/16
印　　张 / 16
字　　数 / 220千字
版　　次 / 2012年7月第1版　2019年11月第6次印刷
定　　价 / 28.00元

责任校对 / 周瑞红
责任印制 / 边心超

综述：3岁孩子喜欢与人分享，但缺乏安全感

在妈妈还在琢磨怎么对付这个有些小叛逆的孩子时，却慢慢发现这个叛逆的孩子到了三岁竟然变得温顺起来。

他不再总是和爸爸妈妈顶嘴，也不再看见什么就说“那是我的，是我的”，而是很乐于和别人分享自己的东西。尤其是自己的妈妈，不管拿着什么好吃的，他都会主动给妈妈尝一口。如果妈妈说让他给别人分点他手里的好吃的，他也会很乐意地把手里的东西递给别人。

三岁的孩子还愿意和别人一起分享自己的玩具。他不仅愿意和别的小朋友互换玩具，愿意把自己的玩具带到幼儿园和大家一起玩，他还愿意做一些其他能交到朋友的事，比如主动帮助别人，和别人合作玩游戏，主动邀请别人到自己家里来玩等。

三岁的孩子非常渴望交朋友，渴望和大家一起玩，他会为了能够融入到某个小集体中而不断努力。他不再整天只说“我要去玩”“我

要吃东西”“我要看电视”等话，而是变成了“我们去玩吧”“我们吃苹果”“我们一起看动画片”，爸爸妈妈不禁感叹孩子终于长大了，懂得心疼人了。

但这种幸福仅仅持续了半年时间，等孩子三岁半时，爸爸妈妈突然发现，那个懂事的乖宝宝又变得叛逆了，而且这次叛逆的程度比他两岁时更加厉害了。

三岁半的孩子又开始扯着嗓子喊“我不”，与两岁时相比，三岁半的孩子似乎更加蛮不讲理。

两岁的孩子只会对自己不想做的事情说“不”，三岁半的孩子却是不管自己想不想做，只要是爸爸妈妈建议的事情他通通说“不”。

两岁的孩子只要爸爸妈妈稍加哄劝，他就会顺从爸爸妈妈的意思，可三岁半的孩子就没那么好哄了，只要是他认准了的事情他就要坚持到底，如果爸爸妈妈不同意，他轻则哭闹，重则撒泼耍赖，直闹得爸爸妈妈心烦意乱，最后的结果不是爸爸妈妈忍受不了孩子而答应他的要求，就是爸爸妈妈将孩子一把拉过来痛打一顿。

如果说三岁至三岁半是合作的年纪，那三岁半至四岁则恰恰相反，这是孩子人生当中的第一个反抗期。对爸爸妈妈而言，孩子似乎是故意事事与他们作对，爸爸妈妈总以为是孩子的自我意识增强了，因为孩子对自己太自信，觉得自己什么都能做，所以才凡事都不听爸爸妈妈的。其实，三岁半的孩子虽然自我意识比以前增强了，但三岁半却是一个内向、焦虑、缺乏安全感、意志力又极强的年纪。

三岁半的孩子之所以对爸爸妈妈要求的事进行强烈的反抗，是因为在他们心里爸爸妈妈还是全能的，自我的力量还很微弱，而自我意识的增长又让他们想自己决定自己做什么。一方面他想自己做，一方面他又觉得自己的力量不够，在这种矛盾中纠结的孩子就开始变得无所适从，因为找不到解决的办法，所以他们只能用反抗爸爸妈妈来发泄自己的情绪。

等到了四岁，他就不会这样了，四岁的孩子意识到自己很有力量，爸爸妈妈也并不是全能的，在他看来，“坏事”未尝不可以做，屋顶也不会因此而塌下来。

所以，三岁半的孩子爱反抗爸爸妈妈并不是因为他太自信，恰恰相反，是因为他太没安全感了。

爸爸妈妈有时能发现，孩子因为没有安全感会口吃、摔跤，甚至紧张得发抖。因为缺乏安全感，三岁半的孩子还无法完全控制自己的情绪，他经常试着去控制外面的世界，以证实自己的力量，从而减少焦虑和不安。

三岁半的孩子试图控制外面世界的表现就是开始发号施令——命令别人要做什么、不许做什么。只要别人没注意到他，他就会想办法让别人注意到他的存在，比如不让妈妈打电话，不让爸爸玩电脑，却又说不出为什么不让爸爸妈妈这么做，他的目的只不过是想让别人注意到他而已。

三岁半的孩子自尊心也变得空前得强烈和敏感，他不愿意接受别人的帮助和指导，甚至是言语上的指导也不接受，仿佛别人帮助他就是在让他受天大的羞辱一样。

他的自尊心也极其敏感，如果他在做某件事情，而有人在旁边说话，他十有八九会认为别人在说他的坏话，说他肯定做不好那件事；

有时爸爸妈妈无意的一句话他都会当成爸爸妈妈对他的评价和定位，他甚至会认为爸爸妈妈不喜欢自己、不要自己了。这还是因为三岁半的孩子自我意识增强而自我力量还没增强的缘故，他想自己努力做好某件事，而自我力量还没发展到那个程度，接二连三的失败会让这个小孩发狂。

虽然不断失败，但三岁半的小孩好奇心特别强，他总能发现自己感兴趣的事，然后再去尝试，接着失败、发脾气，如此一直循环，所以三岁半的孩子总是把很多时间用在发脾气、闹情绪上。

虽然三岁半的小孩有很多地方让爸爸妈妈头疼，但让人高兴的是这个时候的孩子生长发育会比较快，尤其是之前发育较慢的孩子会在这个阶段赶上同龄人，那些较慢学说话的孩子也会在这个时候变得口齿伶俐。

而且，三岁半的小孩还比较重视朋友，分享意识和合作精神也得到进一步发展。

这个阶段的孩子性别意识已经觉醒，知道自己是男孩还是女孩，还开始对性别的外在特征，如衣服的不同颜色、男孩女孩行为差异等感兴趣，这也是爸爸妈妈给孩子进行早期性别教育的时候了。而且由于性别意识的觉醒，三岁的男孩开始出现依恋母亲的情结，女孩开始出现依恋父亲的情结，这是一个非常有趣的时期。

总之，三岁至三岁半的孩子具有分享意识和合作精神，性情温顺，是令爸爸妈妈比较开心的阶段；而三岁半至四岁，对于爸爸妈妈来说，则是一段不愉快的时期，当孩子到了三岁半时，就该格外小心了。

但爸爸妈妈不要把三岁半的孩子当成自己的敌人，他和你作对并不是故意的，而是因为此时的他正处于身心极不稳定的状态。爸爸妈妈在照顾三岁尤其是三岁半孩子时，要比照顾两岁的孩子多费精力、多花心思，这样才能让他顺利度过这个时期。

目录

Contents

对3岁的幼儿来说，或许他们还不明白道德是什么，也无法理解道德的标准，但在他们小小的心灵里，确实已经播下了道德的种子。3岁幼儿在考虑某些事情时，不再一味地以自己的需要为中心了，而是能够体察周围人们的情绪，并显然能够确切地分开什么是好的，什么是坏的，这将是为幼儿构建积极情感的最好时期。

3岁幼儿是一个对什么都有极浓厚兴趣的年龄：还有这样的话？太有趣了，我也会说！画画太好玩了，我要画画看；这个故事太神奇了……所有的一切对3岁幼儿来说都是有趣的、好奇的，而父母应该抓住这个有利时期，了解孩子的兴趣，引导他们去接触、学习感兴趣的事，这对孩子的智力发展非常重要。

对孩子已经3岁的父母来说，这一年将会是接受最多改变的一年，那个一直听父母的，父母说是什么就是什么的小孩，突然变得不可理喻了。他们不再听到什么就是什么，会对父母大声喊“不”，会赖皮、纠缠，无论父母怎样劝说，都不为所动……尽管这些难题一直困扰着父母们，但是要相信，这一年，这个幼小的“叛逆者”所带来的变化和成长很令人惊奇。

3岁幼儿的思维活动将会异常活跃，他们对游戏的要求在不知不觉中提高了，可以给任何一样东西加上自己所想象的象征意义，比如把一片树叶想象成一个盘子、一个锅子，甚至是一棵青菜……这么有意思的游戏，3岁幼儿当然不想自己玩了，那会很无聊，所以小伙伴们开始合作的共同游戏开始了。

CHAPTER 01

合作VS反叛——3岁幼儿的心理关键点

如果说1岁、2岁宝宝带给父母的都是甜蜜的话，那么宝宝3岁时将会给父母带来更多的震惊。他们会对你大声嘶喊：“我不！”一眼看不到妈妈或爸爸就会撕心裂肺地大哭，这些表现不禁让一直处于甜蜜感受的爸爸妈妈们质疑：我们的孩子这是怎么了？别担心，他们的第一反叛期来了！

不说“我”而说“我们”

我们一起去吧

经历了两岁半时的叛逆萌芽，三岁到三岁半的小孩变成了一个温顺的小家伙，面对爸爸妈妈的要求，他不会再扯着嗓子大声说“不”，而是很高兴地接受你的建议，说“那我们一起去吧”。

爸爸妈妈可能没有注意到宝宝到底是什么时候开始说“我们”这两个字的，只是当他越来越频繁地说“我们去散步”“我们去玩游戏”“我们去吃葡萄”等语句时，爸爸妈妈才意识到自己的宝宝又学会了一个新词，而且是一个非常令大人喜欢的新词。

当你坐在沙发上看电视的时候，三岁到三岁半的小孩可能会拿着苹果跑到你面前说：“妈妈，我们一起吃苹果！”估计这一幕肯定会让你惊讶不已，以前只要是他吃的东西从来不让别人碰的呀！之后你还发现，三岁到三岁半的小孩变得有点“缠人”，玩游戏想让你和他一起玩，吃东西要你和他一起吃，就连洗漱也会说："妈妈，我们一起去洗脸吧！"而且他似乎很享受这种与人分享的滋味。

两岁半的小孩的特点是：爸爸妈妈让他做的事他坚决说"不"，而他自己会做的事他会说"我会，我自己来"。三岁到三岁半的小孩喜欢说"我们"，喜欢说"我们一起来"，这个时期小孩的特点是：对爸爸妈妈的建议他会无条件服从，而且非常希望爸爸妈妈和他一起做。两岁半小孩的心是叛逆的，而三岁到三岁半的小孩的心则是温顺的，爸爸妈妈会惊喜地发现，那个令自己头疼不已、不听话的小孩不见了，取而代之的是一个乖巧懂事、让你看到就忍不住想亲几口的乖宝宝。

最让爸爸妈妈高兴的莫过于孩子在三岁到三岁半之间情绪变稳定了，他一向强硬的态度逐渐减少，"我不""我要"的口头禅也变成了"好的""我们一起去"，爸爸妈妈禁不住感慨："我的宝宝终于长大了。"

"集体意识"的力量

那是什么力量让不听话的小孩变得这么乖巧听话了呢?

其实，两岁半小孩的叛逆是因为他的自我意识在不断增强，而三岁到三岁半的小孩变得温顺听话是因为他的情绪进入了一个稳定期，这时候人类的集体意识也在他身上表现了出来，最明显的特征就是经常说"我们"这个词，而且在他的语言中，"我"在一段时间里似乎消失了，取而代之的是"我们"。

实际上，幼儿的这些表现都是"集体意识"在起作用。集体意识作为一种精神遗传，是存在于人的潜意识当中的。人是集体的一分子，幼儿也不例外，他当然也遗传了这种集体意识，不过由于婴儿的脑部发育还不成熟，集体意识还不能表现出来。

这种遗传而来的集体意识在幼儿三岁到三岁半时会略有表现，在生活中幼儿会经常听到爸爸妈妈说“我们”这个词，而且随着自我意识的增强，他已经能把自己同他人区分开来，知道自己是一个独立的个体，然后他根据自己的体验慢慢把爸爸妈妈口中的“我们”与他遗传而来的集体意识相联系，经历了不断的摸索之后他会脱口而出“我们”；而当他在合适的情境中说出“我们去做什么”这个句式之后，爸爸妈妈兴奋的表情和肯定的语气证明了他这句话是对的，也就是证明他探索的自己与别人的关系是正确的，那么他在得到肯定后就会兴奋地不断增多自己的“我们”句式了。

于是，三岁到三岁半就变成了一个属于“我们的年龄”，三岁的小孩会经常把“我们”挂在嘴边，做什么事都喜欢说“我们一起去吧”。他很喜欢这种“我们一起做”的感觉，因为他的自我意识还没有完全成熟，他还不是一个可以完全独立的个体，他还需要别人陪着他，需要有人在他身边，尤其是自己的妈妈，他需要这种有人让他依恋的感觉。

同时，他也开始喜欢分享的滋味了。这时候经常会听到宝宝说“妈妈，我们一起去吃葡萄”“爸爸，我们一起搭积木”，他喜欢让别人和他一起分享做这件事的乐趣。虽然他喜欢和小朋友玩，会把自己的玩具分享给大家。但他最喜欢的人还是妈妈，如果妈妈能够放下手中的事情来陪他玩，把注意力放在他身上，那么他会变得非常开心。

集体意识巧培养

这种集体意识和分享意识让宝宝在这个时期变得乖巧懂事、讨人喜欢，但很多时候我们发现，三岁到三岁半的宝宝并不像我们想象的那么能融入集体生活当中。

如今大多数的三岁宝宝已经开始上幼儿园，对于离开家进入的这个新环境，很多宝宝会不适应，上课坐不住，课间活动的时候到处乱跑，喝水、洗手、吃饭的时候一窝蜂似的乱挤，午睡的时候更热闹，干什么的都有，对于这群一点集体意识和纪律性也没有的宝宝，老师真是大伤脑筋。

这是因为，这种遗传而来的集体意识只是宝宝作为社会一份子对集体最基础的认同感，其实宝宝头脑中的集体意识还十分的淡薄，加之没什么生活经验，他们还不知道集体为何物，该怎样在集体中生活，而这些，就需要爸爸妈妈和老师来共同引导宝宝，增强他们的集体意识。

三岁的幼儿集体意识刚刚开始萌芽，他们喜欢说“我们”、喜欢和别人一起做事并不代表他懂得集体意识是什么，爸爸妈妈可以先在家庭生活中培养幼儿的集体意识。爸爸妈妈要强化幼儿的“我们”意识，经常和幼儿说我们，因为幼儿喜欢说“我们”只是因为刚学会这个词感觉比较新鲜，当这个新鲜期过后，他就不会再像原来那样爱说“我们”了。

所以，爸爸妈妈要抓住这个机会多和孩子说“我们”，把“宝宝吃饭了”变成“我们吃饭了”，把“宝宝，今天带你出去玩”变成“宝宝，今天我们一起出去玩”，把“去给你买好吃的”变成“我们一起去买好吃的”……这样，在爸爸妈妈的不断强化下，幼儿就能进一步理解“我们”的含义，爸爸妈妈还可以经常和幼儿说“我们是一个集体，吃饭的时候我们要一起吃，玩游戏的时候我们要一起玩”，虽然他还不知道“集体”是什么，但会慢慢感觉到“我、爸爸、妈妈在一起就是一个集体”。

爸爸妈妈还可以采取在家庭中形成有规律的作息制度的方法，不管是父母还是宝宝，只要有人不按时起床或按时吃饭，就会影响到全家人的活动。为了让宝宝有深刻的体验，在宝宝急着去幼儿园时，爸爸或妈妈其中一人故意磨蹭，让宝宝产生不快感。当下次宝宝磨蹭着不想去幼儿园时，爸爸妈妈就可以拿这件事来教育他，告诉他如果他不遵守规定爸爸妈妈上班就会迟到，就像他上次去幼儿园迟到一样。幼儿在这个年纪可能会很快忘记这件事情，但次数多了，他就会长记性的。

爸爸妈妈除了给幼儿强化“我们是一个集体”的意识外，还要从一点一滴的生活中教给幼儿学会分享。告诉他有了好吃的要我们大家一起吃，有了新玩具要和别人一起玩，这样幼儿在潜移默化中就会学会分享了，等到了幼儿园，他就不会再和别的小朋友抢玩具、抢吃的，还会主动把自己的食物和玩具分给别人玩。

感受生命期

小草会疼的

孩子长到了三岁，爸爸妈妈会发现孩子越来越爱说话了，而且他说话的对象不仅是人，还包括桌子、椅子、汽车等各式各样的物品，甚至动物、植物、河流、云彩等自然界的万事万物。

你经常会看到三岁的孩子抱着他的玩具娃娃自言自语，你走过去问他在自言自语什么，他会告诉你他在给他的布娃娃讲故事。你能听到他对怀里的布娃娃说："乖，不哭，我给你买好吃的。"如果他的布娃娃不小心掉地上了，他会很心疼地轻轻拍打着布娃娃，安慰它说："有没有摔疼呀？下次小心点。"

三岁的小孩走到哪里都会念念有词，和什么东西都有话说。你牵着他在马路上走着，他会被路上的一块闪闪发光的锡箔纸吸引，然后就开始和那块锡箔纸说话："呀，你怎么在路上啊？是不是找不到回家的路了？”你带他去郊外旅游，傍晚你告诉他太阳公公下山回家了，我们也要回家，他会跟太阳、天空、云彩、河流、树木一一招手，跟它们说：“再见，我要回家了。”

三岁的小孩还十分有同情心，看到被折断的小草小花，他会十分伤心地说：“小草也会疼的。”他把自然界的万事万物都当成他的玩伴，他喜欢和它们说话，能对它们将心比心，看到它们“受伤”会心疼。

万事万物都有生命

在三岁小孩的眼里，他所接触的对象都是有生命的，这也是幼儿最突出的心理特点之一。随着听觉、视觉、触觉、嗅觉、大小知觉、方位知觉、时间知觉等感知觉的不断发展和成熟，幼儿对事物的认识也逐渐深入，他所接触的那些事物在他眼里不再是千篇一律的“死物”，而是丰富多彩的、和他一样活生生的生命，这一特点会在他三岁左右的时候表现出来。

而且三岁幼儿的言语器官已基本发育成熟，具备了正确发音的条件，语音意识有了进一步的发展，也有了说话清晰准确的愿望，这时候的他们已经能意识到自己和别人谈话中的问题。每当幼儿的身心发展达到一个新的层次，学会一种新的技能的时候，他就会乐此不疲地使用自己的新本领，这次也不例外，当他能流畅清晰地表达自己的意思时就变得特别爱说话。

三岁的小孩会和自己遇到的一切对象说话，不管是人是物，在他眼里，一切都是有生命的。如果他遇到的对象不会说话，他就会自己在那自言自语；如果他遇到的对象是人，能和他说话、交流，他就会变得更加兴奋，更加喋喋不休，话出奇得多。

三岁的小孩不再像以前那样各玩各的，他们开始喜欢交往，开始与别人互换玩具，喜欢和别人玩。但这只是幼儿最初步的交往，还不是真正意义上的交往。三岁的幼儿还是比较喜欢将自己的玩物赋予特殊的象征性意义，玩过家家的时候，下雨了把树叶当雨伞，买东西时把树叶当钱币，把一截木棍当成自己的秘密武器手枪。当他们一起游戏时，他们也会把自己的东西都赋予特殊的意义，在他们看来，这些东西和他们一样，都是有生命的。

“一手抓语言，一手抓交往”

三岁的小孩认为万事万物皆有生命，这是他们语言和交往能力以及感知系统发展的结果。所以当看到孩子和小草说话时，爸爸妈妈不必太在意，不用刻意教导，顺其自然就好，等孩子过了这个阶段，他自然而然就会明白花草树木和人类是不一样的。不过，爸爸妈妈可以在语言和交往上适当地引导孩子。

三岁的小孩对什么都感兴趣，爸爸妈妈可以选一些扩散思维的书给孩子看，这样在孩子阅读的过程中不仅能提高语言能力，还能提高他的阅读能力。这时候让孩子看书和阅读并不是让宝宝能从中学到点什么，而是要发掘孩子的兴趣，所以，给孩子选择的书不用在意学科，只要难度适中，孩子又感兴趣就可以了。比如《花草树木的朋友》这本书，它比较强调幼儿阅读的特质，书中阅读材料多样化，将整个阅读活动游戏化，是一本非常适合三岁孩子阅读的图书。

三岁的小孩爱说话，简直就是一个“话唠”，爸爸妈妈不妨利用孩子的这一特点来培养孩子的语言能力。这时他们不仅掌握了名词、动词、形容词、数量词，还开始掌握一些常用副词和连词，能说出

“我想一边看电视一边吃零食”“我不但喜欢看书，还喜欢画画”等句式。爸爸妈妈可以鼓励孩子按照图书上的“人物”改编故事，或者和孩子进行编故事大赛，充分调动起孩子的积极性，这样对孩子的语言发展会有非常大的帮助。

三岁的小孩渴望与别人交往，但是他们还太小，缺乏与人交往的经验，不知道该怎样与别人相处，对和别人如何沟通还充满了恐惧和担心。这时候他们就会把不会说话的花草树木等事物当成自己的朋友，因为这样不仅满足了他们自己说话和交友的欲望，还不用担心在交往过程中遇到问题怎么办，不用去思考到底该怎样与他人交往，这让他们感到放松和安全。

但如果孩子长期这样，尤其是天生比较内向的孩子，他们很可能会患上社交恐惧症，不喜欢和别人玩，只喜欢自己玩自己的，或者是只和小花小草说话，不与别人交流，这样对孩子的身心健康成长非常不利，爸爸妈妈要密切观察孩子的一言一行，适时加强对孩子的引导。

当爸爸妈妈发现孩子不喜欢与别人交往时，平时就要多带孩子出去玩，给孩子创造与人交往的环境，多让孩子参加集体活动，或者先让孩子与比他大或比他小的小朋友玩，这样会减少他与人交往时发生的矛盾，让他不再对交往产生恐惧，慢慢地学会怎样与他人相处。

第一反叛期来临

“叛逆”的小孩

爸爸妈妈还沉浸在小孩温顺听话的幸福里，突然有一天，他又开始大声对你说“不”了。你愕然：这才不过半年的时间，怎么这个温顺的小孩就不见了，又变成了之前那个天天发脾气、闹情绪、让人头疼不已的孩子?

本以为之前经历过这些事，现在处理起来会轻松很多，没想到过了一段时间你发现，三岁半的小孩叛逆起来与以前他闹情绪还是有很多不同之处的。

三岁半的小孩凡事都说“不”，不管是他想做的还是他不想做的，只要是爸爸妈妈说出来的他都会直接拒绝：“不，我不要！”而两岁半的小孩只会在遇到自己不想做的事情时说“不”，而且，只要爸爸妈妈稍微哄哄他，他就会转变态度，但三岁半的小孩就没那么好哄了。

不听爸爸妈妈的吩咐，与爸爸妈妈对着干是三岁半小孩叛逆的最大特点。天气转凉了，早上起床时你让她穿上外套和裤子去幼儿园，她偏偏要穿纱裙，不管你怎么给她讲道理，她就是不听，你强行给她穿衣服，结果她又哭又闹，躺在床上打滚，还把穿到一半的衣服使劲脱下来，最后，她还是穿着纱裙去幼儿园了。路上，你问她冷不冷，她冻得浑身打哆嗦却还嘴硬说不冷。

固执、任性也是三岁半小孩的显著特点，他不想吃饭的时候就坚决一口也不吃，中午不想睡觉就说什么也不睡。三岁半的小孩还越来越喜欢向爸爸妈妈提各种各样的要求，要是爸爸妈妈不满足他们的要求，他们就会大哭大闹地发脾气。他们还喜欢与别人比较、竞争，喜欢别人说自己好，处处想占上风，与小伙伴的关系非常不稳定，变得爱发脾气、爱吵架、爱哭，情绪波动非常大。

脑子里的“独立小孩”在作怪

看到孩子的这些反应，对幼儿心理稍微有些了解的爸爸妈妈就知道，这是孩子的叛逆期到了。其实，孩子的叛逆期有两个，一个是三岁左右出现的“第一反叛期”，另一个是十三岁左右出现的“第二反叛期”，也就是“青春叛逆期”。

是不是所有的孩子都是三岁半左右才出现叛逆呢？其实不是的，因为每个孩子的发育情况不同，有的孩子可能在三岁之前就出现了叛逆，而有的孩子的叛逆期也可能推迟出现，而大多数孩子都是在三岁半左右的时候出现叛逆。那为什么孩子的叛逆期会在他三岁多的时候出现呢？

这是因为，三岁左右的孩子大脑发育已经相当好，虽然还没完全成熟，但已经从婴儿期过渡到幼儿期，也积累了很多生活经验，而且语言也已接近成熟，认知能力得到很大提高。还有很关键的一点是三岁左右的孩子完全可以脱离大人的帮助走很远的路，这使他们可以探索更多自己感兴趣的事，让他们觉得原来脱离了大人的生活是如此美好。所有的这些发展都使得三岁左右的孩子开始意识到自己是一个独立的个体，并表现出强烈的独立意识和愿望，他知道自己是和别人不一样的，自己可以独立做事情，不需要受别人的干涉和安排，可以控制事物，还能对一些事情做出初步的判断。

由于自我意识的发展，孩子的主观能动性也越来越强，对爸爸妈妈的要求和吩咐也越来越有选择性。如果爸爸妈妈要求他必须那样做，他就会反抗，在爸爸妈妈看来，孩子的表现就是不听话，闹独立，你叫他往东，他非得往西，出现“逆反心理”。

用爱“融化”孩子的反叛

处在反叛期的三岁小孩总是很让爸爸妈妈头疼，哄过了，道理讲过了，屁股也打过了，可是孩子还是不听话，固执任性。于是，有的爸爸妈妈就认为孩子就这样了，脾气性格改不了了，殊不知，优秀的孩子是因为有优秀的教育方法。如果爸爸妈妈的教育方式不对，那不仅不能引导孩子正常发展，还可能会加剧孩子的逆反心理。

有的爸爸妈妈嫌孩子太固执、任性，其实听话的孩子将来未必能成大事，太听话的孩子往往没有主见，遇到什么事情都不能自己拿主意，凡事要靠别人。而固执的孩子长大后往往都比较有个性，比较有自己的想法，遇到事情不会被别人牵着鼻子走。可见，固执未必是件坏事，爸爸妈妈要根据孩子的实际情况适时引导。

孩子哭闹、任性、不听话总是有原因的，不是所有的反叛行为都是无理取闹，爸爸妈妈首先要怀着一颗爱孩子的心来把原因弄清楚，而不是孩子一出现反抗情绪就开始斥责、打骂他。三岁的孩子自我意识强，再加上强烈的好奇心，他们喜欢东摸摸、西看看，尤其是对爸爸妈妈不允许他们碰的东西感兴趣，比如插座。

插座是孩子都喜欢的一个东西，他们想知道插座上面那一个一个的小黑洞里面藏着什么，所以他们就喜欢用自己的手指抠插座，甚至想把插座拆了。这时候如果爸爸妈妈看见了就会立刻制止孩子，告诉孩子说玩插座危险，但孩子正玩得开心，他可不知道什么是危险，于是继续玩，结果爸爸妈妈就觉得孩子不听话、和自己对着干，就又制止孩子，孩子不听话继续玩，然后，爸爸妈妈的打骂和孩子的哭闹就自然而然地出现了。

其实，爸爸妈妈如果能理解孩子，尊重孩子的好奇心和兴趣，在家里放两个备用插排，当孩子想玩的时候就拿出备用插排来给他玩，那上面的那一幕就不会再出现了。

三岁的小孩虽然自我意识增强了，但他们的生活经验和常识还太少，不知道什么是危险，经常会做一些爸爸妈妈不允许的事情。这就需要爸爸妈妈用爱心来包容孩子，想办法既满足孩子的兴趣又让他远离危险，而不是单纯地制止孩子，又不给他提供其他发泄情绪的渠道。

有些时候，面对孩子的固执和任性，爸爸妈妈不必过于担心，顺其自然就好，因为你的孩子可能是到了执拗敏感期，等这个敏感期过了之后，他也就恢复正常了。比如有的孩子本来生活很规律，突然有一天，该吃饭的时候他不想吃饭，你问他是不是哪里不舒服，他说没有，你给他讲道理，他说知道但就是不想吃，你说喂他吃饭，他也不让，你再说下去，他就很委屈地哭了；该午休的时候他不睡觉，任凭你怎么劝他他都不肯躺下；等午休结束了，他说自己想睡觉，不想出去玩。在之后的一段时间里，他也天天如此，这很可能就是孩子进入执拗敏感期了。

执拗期的幼儿一定要按照自己的想法做事情，他是在发展和建构自我意识，如果遭到拒绝，他就会烦躁、痛苦。这时爸爸妈妈和幼儿园老师要尊重他的选择，不要认为他是故意在和大人做对，也不要强行改变他的行为，而是尽可能地给他提供一些条件，让他顺利度过这段敏感期，他将由此获得快乐和顺从。

总之，面对反叛期的孩子，爸爸妈妈要给孩子更多的爱，尊重孩子、信任孩子，放低姿态把孩子当朋友一样平等对待。如果不是唠叨就是打骂，把自己的话当权威，那只会让孩子更加叛逆，更加想挑战权威来证明自己。做爸爸妈妈的应尊重幼儿心理发育的规律，掌握幼儿心理学知识，冷静分析孩子出现逆反心理的原因。如果是自己的教育方式不对，那就改变自己的方式和态度；如果真是孩子无理取闹，爸爸妈妈不妨采取冷处理的方式，事后再对他进行教育和引导，千万不要“罩过孩子头”而火上浇油，把事情搞得更糟。

发号施令的年纪

“你们都听我安排”

对于幼儿来说，三岁到三岁半是合作的年纪，但随着自我意识的增强，三岁半则变成了反抗的年纪，除了反抗外，幼儿还开始喜欢指挥别人，在哪里都要发号施令，要求别人听他的安排。

他在玩玩具，妈妈在看电视，爸爸在看报纸，他会突然大声说：“你们都听我说。”他不许妈妈看电视，不许爸爸看报纸，只要别人稍不注意他，他就会生气，甚至爸爸妈妈互相讲话也不行。

只要他发了话，家里人就得听他的安排，“奶奶给我穿衣服”“妈妈给我拿鞋”“我要看电视，爸爸给我开电视”“我要吃水果，给我去拿香蕉”，这样的声音总是在房间的各个角落响起。你很生气，告诫他说：“你自己会穿衣服、能走路，自己能做的事情自己做，想让别人帮你拿东西要说‘请’，不许命令别人！”可是他根本就不听你的话，如果别人没有听从他的吩咐，他就会大吵大闹，不达目的誓不罢休。他甚至还会命令客人给他干这干那，让你无比尴尬，你正和客人聊天，他会突然跑过来说：“阿姨，我要吃苹果，你给我削个苹果。”

家里要大扫除，他会像个小将军一样发号施令，给大家分配任务，“爸爸擦窗户，妈妈擦桌子，奶奶扫地”，你问他“那你干什么”，他会说：“我看着你们干活，不许偷懒！”

他不仅在家里要当“老大”，在外面和小朋友玩他也要当“孩子头”，他喜欢指挥别人，给小朋友分配角色和任务，让别人都听他的安排，如果有人不服从他的命令，他就会生气，甚至会和对方争吵打骂，直到对方顺着他的意思去做，但也很可能是被爸爸妈妈拉开或者是到最后谁都没认输。

在幼儿园，他也会充分发挥自己的“领导才能”，吃饭的时候他可能会给别人安排位置，比如他会不许乐乐坐在娇娇旁边，而让乐乐坐到旭旭旁边去，午睡的时候他可能会像个小老师一样训斥不好好睡觉的小朋友，玩游戏的时候也自作主张地给别人分组，要是别人不顺从他的意思，他就会发脾气。

都是缺乏安全感惹的祸

三岁半的孩子表现得非常固执、任性、爱指挥人，甚至有些飞扬跋扈，我们以为他是因为生理和心理的发展变得更加自信、更加独立了，其实，事实并非如此，而且刚好相反。

三岁半的孩子之所以有这些表现，是因为他强烈地缺乏安全感。随着自我意识的不断增长，他探索世界的欲望也越来越强烈，但由于生活经验还太少，他又会觉得害怕，这在他的生理发展上也有所表现，比如他会口吃、会摔跤，还会紧张得发抖。

他内心深处缺乏安全感，但自我意识又让他想支配外面的世界，这两种感觉在他脑袋里不断斗争，使他无法控制好自己的情绪。不要以为小孩子每天都是快乐的，三岁半的孩子其实生活得并不愉快。

三岁半的小孩越缺乏安全感就越想控制外界，他想以此来减少他的焦虑和不安，他开始喜欢命令家人，尤其是当别人的注意力不在他身上的时候。别人的注意会使他感觉到自己的重要性，处在别人的关注中也会使他比较有安全感。

除了家人外，朋友对于三岁半的小孩也很重要。他开始热衷于交朋友，不过这些朋友可能是人，也可能是动物或者玩具。他还喜欢把自己当成别人，和自己的宠物或者玩具玩过家家，扮演不同的角色，不过他通常都喜欢扮演老大的角色。在与小朋友玩的时候，他也比较喜欢当老大，指挥别人。因为指挥别人能让他有成就感，而这种成就感也从一定程度上提升了他的安全感。

三岁半的小孩正在体验自己与别人的关系，以及自我这个个体，这也是他喜欢发号施令、指挥人的一个原因，他在探索他自己在这个世界上的位置。

变“指挥”为“建议”

孩子到了三岁半的时候，爸爸妈妈就要格外小心了，因为这将是一段不太愉快的时期。三岁半的小孩俨然一副小大人的模样，不但不听爸爸妈妈的话，还开始指挥爸爸妈妈去干这干那，你可能会想，我堂堂一个大人怎么能让一个小孩子吆来喝去，于是，你想让他听你的，他想让你听他的，你和孩子的矛盾就产生了。

其实，爸爸妈妈要弄清楚三岁半的孩子心理发展到了什么程度，他处于一个怎样的时期，更要明白孩子不是你的敌人，他不是故意要和你做对，而是他正处于一个身心不稳定的状态，他缺乏安全感才会去指挥别人。这个阶段的小孩的日常生活起居，都需要爸爸妈妈多费精力、多花心思来处理。

三岁半的小孩和一岁多的小孩不一样，一岁多的小孩也喜欢指挥别人，他会让你抱着他，然后指挥你说“去宝宝屋”“去爸爸屋”“开柜子”“拿苹果”“开门出去”。一岁多的小孩喜欢指挥别人是因为他自己还不能很好地走路，掌握的语言词汇还太少，他只会这么简单地表达自己的意思。爸爸妈妈只要放手让一岁多的小孩自己去玩，丰富他的生活，培养他独立玩耍的能力，他就不会再缠着大人、指挥大人干这干那了。

但三岁半的小孩可就没那么好哄了，他能跑能跳，语言表达能力也很好，你用对付一岁多小孩的那一套来对付他，已经不会有什么作用了。“以暴制暴”的方式只会把事情越弄越糟，那该怎么办呢?

其实，孩子喜欢指挥别人、喜欢安排事情并不一定是坏事，这也是孩子成长的一个表现。而且，喜欢发号施令的人天生就有当领导的潜质，有的孩子擅长重新排列物品或有条不紊地在家里或幼儿园里安排事情，且他的安排合情合理，这些孩子很可能具备强有力的领导和组织才能，爸爸妈妈千万不要扼杀了孩子的这种潜力。

面对孩子居高临下的指挥、命令，不管是爸爸妈妈还是其他小朋友多少都会有些不舒服，这时你可以明确地告诉他："你说的方法很对，但是你的口气让我觉得很不舒服，我不喜欢你这样去命令别人。我想，如果你经常这样命令其他小朋友，他们也会觉得不舒服，时间久了就不会再有人和你玩了。"你说话时的语气一定要严肃、认真，让他感觉到压力，接着你可以给他提出建议："我想，如果你能改变你说话的方式，别人肯定会喜欢和你玩的，比如你可以说'我觉得我们可以这样玩这个游戏'，而不是你命令别人去怎么做。"

这个世界上，有的人天生想做老大，有的人心甘情愿做副手。鸟类通过互相啄来确立老大、老二、老三的地位，幼儿也一样，他们通过"暴力"来确定自己在这个圈子中的地位。如果你的孩子在和别人玩的时候喜欢指挥别人，而别的孩子也心甘情愿地听从他的指挥，那你不妨有意识地培养孩子这方面的能力，增强他的自信心；如果他遇到了比他更强势或者差不多的孩子，那他们肯定会起冲突，这时候就要教给孩子怎样才能与他人更好地沟通，既让别人听从他的指挥，又不让别人反感他。

孩子在三岁半的年龄，最大的情绪发泄对象是自己的妈妈。在孩子不闹情绪的时候，妈妈如果能尽可能多地腾出时间来陪他玩，这样就能在很大程度上增加他的安全感，进而缩短他的不稳定情绪期。

性别意识的觉醒

“我是女孩子，你是男孩子”

“我是女孩子，我要穿裙子”，当你要给三岁的女儿穿短裤时，她会拒绝，她说自己是女孩子，女孩子是穿裙子的。而当你给她买回来新玩具时，她看着崭新的水枪却满脸的不高兴，她说自己是女孩子，要玩布娃娃，水枪是男孩子的玩具。

三岁之前的小孩可能知道自己是男孩还是女孩，但他们是听别人告诉他们的，他们并不知道男孩和女孩的差别。等到了三岁，他们不仅知道自己是男孩还是女孩，还知道男孩女孩穿的衣服是不一样的，玩的玩具也不一样。

三岁的幼儿还开始对自己的身体和别人的身体有什么不一样感到好奇，他会问幼儿园老师：“为什么我站着尿尿而欣欣蹲着尿尿呢？”如果一个小男孩和母亲一块儿洗澡，他也会对自己的身体感到奇怪：“妈妈，为什么我有小鸡鸡而你没有呢？”

爸爸妈妈会发现三岁的孩子又开始对自己的性器官感兴趣了，在他一岁左右的时候，他会经常玩弄自己的性器官，但只要爸爸妈妈稍加转移他的注意力，他就会停止。而三岁的孩子玩弄性器官的时间会长一些，如果爸爸妈妈没有进行正确的引导，他们可能会在相当长的时间里保持这一“兴趣”。

三岁的孩子已经开始意识到男孩与女孩的区别了，尤其是小男孩，他竭力想表现出自己的阳刚之气。在玩游戏时，小男孩很喜欢扮演“英雄救美”的角色。

当爸爸妈妈看到孩子玩弄性器官或掀小女孩的裙子而训斥他时，孩子会感到不好意思，甚至会脸红。他们可能会因为爸爸妈妈的训斥而暂时停止这样的举动，但过一段时间又会出现类似的情况，甚至会发展到“屡禁不止”的地步。

觉醒的性别意识

三岁的孩子自我意识开始形成，心理变化发展快，成为儿童社会化的一个转折点。随着接触的人越来越多，人的大脑就要对所接触的人进行分类以方便记忆，这时候大脑思维的分类意识就开始起作用，将人分为男女两种性别不同的人。

三岁孩子爱玩弄性器官是他们的“性好奇”心理在起作用，这也是幼儿性别意识觉醒的主要标志之一。

婴儿从出生的第一天起就能从成人摸他和抱他的方式以及和他说话的音调体会到爱；几个月大的时候开始用手指来了解自己的身体，他们会抚摸自己身体的各个部位，包括自己的性器官，但在他们的眼里，自己的性器官和自己的耳朵、嘴巴、脚趾没什么区别。但在三岁孩子看来，性器官和耳朵、嘴巴是不同的，因为只有自己这个群体才会有。

三岁左右开始，幼儿开始对“我从哪里来”这种问题感兴趣，也就预示着他们的性别意识开始觉醒，之后，他们会问更多的关于性方面的问题，三四岁是孩子对性疑问最多的时候。

三岁的幼儿因为性好奇而玩弄自己的外生殖器完全是一种正常的现象，就和他们摸鼻子、揪耳朵一样，因为这种行为能给他们带来身体上的快感，但抚摸生殖器带来的快感往往比其他部位强，最初的快感体验可能是无意的，其强度也往往较弱，但反反复复就会得到强化。如果这一时期幼儿的这种行为未得到成人的正确引导与及时的干预，很可能会变成习惯性动作，若七岁之前幼儿还未改掉这一习惯，爸爸妈妈就需要带幼儿找儿童心理专家进行专门的治疗。

面对幼儿觉醒的性别意识，很多思想保守的爸爸妈妈会采取训斥或回避的态度来结束与孩子的交流。这样不仅不能帮助幼儿建构正确的性知识，不能对幼儿出现的问题进行干预和矫正，还会使幼儿从小就对性埋下“性羞耻”“性焦急”和“性神秘”等的阴影，到幼儿长大后极有可能形成扭曲的性心理，也可能发展成为性心理障碍，对幼儿健康的身心发展极为不利。

早期幼儿性教育，你做了吗？

3岁幼儿的心理和行为的一个重要特征就是他们开始学习性别的区分，他们最开始是对男女间身体上的差异和行为特点感到好奇，进而对性的区别发生兴趣，当他们知道自己是男孩还是女孩后就开始习得同自己的性别相适应的态度和反应。

幼儿三岁以后，爸爸妈妈在幼儿的穿衣打扮上面就要注意了，男孩要穿男孩的衣服，女孩要穿女孩的衣服，不能男女不分，或给孩子穿很中性的衣服，买玩具也要有所侧重，这样他们才能对自己的性别有认同感。如果幼儿从小没有习得和他性别相适应的态度和反应，长大后很可能会发生性别的混淆，喜欢中性装扮，甚至出现同性恋倾向。有心理学专家研究表明，同性恋者心理问题的出现都可追溯到他们的幼儿时期，所以，爸爸妈妈一定要从小培养孩子的性别认同感。

三岁的幼儿对性产生了强烈的兴趣，但也产生了很多疑问，他们会通过行为和语言将自己的潜意识表现出来。

幼儿最先表现出自己对性的疑问就是开始问“我从哪里来”，这也是令妈妈们很头疼的一个问题。随着社会的发展和现代母亲知识层次的提高，像“你是从石头缝里蹦出来的”“你是从垃圾箱里被妈妈捡回来的”之类的答案已经很少出现在妈妈们的口中了，她们一般都会选择直接告诉孩子事实。但讲的浅了孩子还是不明白，讲的深了孩子又听不懂，其实爸爸妈妈不妨先简单地告诉孩子他是从妈妈肚子里来的，然后再从书上或者网上找一些婴儿在母亲肚子里的图像给他看，这样孩子就能更加直观、更加形象地了解他是怎样来到这个世界上的。

之后幼儿开始对自己身体和异性身体的差异感到好奇，当孩子问到这些问题时，爸爸妈妈完全可以将男女身体的差异告诉他，告诉他男孩和女孩生殖器不一样是性别不同的标志，女孩子的生殖器是平坦的，男孩子的生殖器像小鸡鸡一样，如果孩子继续追问，爸爸妈妈还可以把男女生殖器的名字告诉他，这样他就不会对这些一直感到好奇和神秘了。

当爸爸妈妈给孩子讲了这些知识以后，孩子的性好奇就消除了。如果孩子还有玩弄自己生殖器的习惯，爸爸妈妈要仔细观察孩子的小鸡鸡有没有红肿、分泌物或者湿疹，没有清洁等情况，如果是这些原因引起的不适导致孩子频繁摸小鸡鸡，那就需要带孩子去医院检查就诊；如果不是这些原因，爸爸妈妈一般采取转移孩子注意力的方法就能让孩子的这一习惯纠正过来。

其实，性教育并不单纯是性知识的教育，它还包括许多内容：教给孩子们什么是爱，如何去爱，如何保护自己，如何爱护和尊重他人。现在很多幼儿园都开设了早期性教育的课程，国家也出版了很多关于儿童早期性教育的书籍，爸爸妈妈不必对性教育讳莫如深、羞于启齿，完全可以利用这些资源来对孩子进行早期性教育，教会孩子从小就要懂得保护自己、爱护自己。

如果爸爸妈妈在碰到这种情况时，只是简单地对孩子进行斥责和打骂，不仅不能解决问题，还会激起孩子的逆反心理，给孩子留下不可磨灭的消极印象和产生厌恶心理，长大后常常造成性反应和性表现能力的抑制。如果爸爸妈妈能给孩子进行适当的性别教育，传授给他们一些基本的生理知识和自我保护意识，那将非常有利于孩子形成健康的人格，能为他们进入青春期后正确处理两性关系打下牢固的人格基础。

夸大的羞怯感和挫败感

又羞怯又爱发脾气的小孩

孩子三岁了，爸爸妈妈发现孩子越来越爱自己动手，这本来是件好事，可是他也越来越爱发脾气，动不动就会大哭大闹，做什么做不好会很烦躁、发脾气，还不许爸爸妈妈帮他，即使是言语上的指导也不行。

他在搭积木，每次搭到那个地方就会全部塌掉，搭了几次都是这样，于是他就开始发脾气，把积木扔得到处都是。这时候爸爸过来要帮他，告诉他怎么样才能搭好。结果爸爸话还没说完，他就开始大哭起来，不接受爸爸的帮助。

他又开始对穿衣服感兴趣，可他就是固执地按照自己的方式穿，结果是能力有限，总也穿不上。穿上衣从下往上穿，把双脚伸到领子里，把衣服使劲往上提，碰到领子宽松的衣服还行，要是领子小点的衣服就卡到他的屁股那里怎么也提不上去，他费尽力气也穿不好就会很烦躁。如果这时爸爸妈妈靠近他，试图告诉他怎么穿更合适，他就会一下子爆发起来，扔掉衣服或者手边的东西，嘴里还会发怒地叫喊；如果没人理他，他最后也还会因为自己行动失败了而抓狂，当爸爸妈妈去安慰他、安抚他的情绪时，他会很委屈地说："因为我做不好。"

三岁的孩子会经常出现这些情况，他们很努力地想自己做好某件事，但由于能力有限，结果总不能如他们所愿，于是他们就会发脾气。而且他们还特别敏感，如果爸爸妈妈提出帮助他，他就更加破罐子破摔，似乎接受别人的帮助哪怕是言语上的指导都是令他感到非常羞辱的事情。

三岁的孩子在做某件事失败后，面对爸爸妈妈的鼓励和帮助，他们会表现得更加不安和烦躁，或者干脆走开，逃避眼下的挫败。他们似乎很不愿意接受别人的帮助和指正，好像这样一来就承认了自己的失败，这种感觉让他们很不舒服。当下次再做这件事的时候，他们就会感到羞怯，不愿意去做，害怕再次失败。

在自主性与羞怯和疑虑之间摇摆的年纪

三岁的孩子做事情失败后容易发脾气，还不接受别人的帮助，这是因为三岁的孩子已经有了自主意识，当他们满怀信心地去做某件事时，却因能力不足而失败。一次两次失败他们还能忍受，当失败的次数多了，他们就会有一种挫败感，开始怀疑自己的能力。

之前他只是对自己的能力感到疑虑，而此时别人给他帮助似乎就是在证明他们不行，他们做不到。在他们看来，别人的帮助就是在否定他们的能力，对于独立意识越来越强的他们来说这种否定让他们很难受，只好用大哭大闹来发泄自己的情绪了。而下次再遇到同样的事情的时候，他们会因上一次的挫败感而羞怯，而不愿再去尝试。

根据心理学家埃里克森提出的人格发展阶段理论，3岁的孩子处于游戏期阶段，这个年龄段的孩子自主感非常强烈，同时孩子的良心、道德感也有了发展，自我统一性开始出现。这时候的幼儿已经学会走、爬、推、拉和交谈等许多技能，也学会了如何抓握和放开。他们不仅把这些能力应用于物体，还应用于控制和排泄大小便。也就是说，三岁的幼儿能“随心所欲”地决定做还是不做某些事情。

而根据弗洛伊德的学说，三岁幼儿所处的这个阶段属于肛门期，这个阶段幼儿的主要发展任务是决定做什么或不做什么，获得自主感和自我控制，克服羞怯感和自我疑虑。

这个阶段内，三岁的幼儿对做哪些事有了“自主性”，但失败后的挫败感令他们对自己很失望，如果这时爸爸妈妈还对孩子说“你不行”“你做不到”之类的话，或者对孩子进行批评、惩罚，就更会使孩子感到羞怯，并对自己的能力产生疑虑。被批评或惩罚的次数多了，孩子的自主性就会受到压制，不仅无法消除羞怯感和自我疑虑，还会影响自主性和自控性的形成。

消除孩子的羞怯感和挫败感

三岁孩子的主要任务是获得自主感和自我控制，克服羞怯感和自我疑虑，这就需要爸爸妈妈精心教养幼儿，而又不能伤害幼儿的自我控制感和自主性。

在很多爸爸妈妈看来，三岁孩子的羞怯感和挫败感未免有些夸大了，一些不值一提甚至是理所应当的事，比如他们做不到爸爸妈妈去帮助他们，这本来就是很平常的事，他们不但不会接受帮助还会大哭大闹，此时爸爸妈妈很可能就会批评或者斥责孩子。而实际上，爸爸妈妈只是在以自己的眼光看待孩子的问题，成人觉得理所应当的事三岁的孩子对这件事的态度却还处在认知阶段，如果爸爸妈妈没有对孩子进行正确的引导，孩子很可能就会形成错误的认知。

如果孩子在三岁时的主要任务没有得到积极解决，就会形成羞怯感，长大后容易形成消极的人格特征，比如意志薄弱、依附、随意、敷衍等；如果得到了积极解决，就会形成“意志”的品质，长大后性格倾向于坚强、独立、克制、自律等人格特征。

所以这一阶段就要求爸爸妈妈对幼儿的行为必须理智而耐心，既要适度控制又要给予幼儿一定的自由，还要施以科学的训练，及时矫正幼儿的不良行为。如果太过纵容，长大后容易形成肮脏、浪费、无秩序等生活习惯；限制太严，又容易形成清洁、吝啬、忍耐等强迫性特点。

三岁的幼儿经常因为达不到自己希望的新目标而感觉受到挫折，这时候的他们正处在热爱创造与建构的过程中，爸爸妈妈完全可以放手让孩子自己解决问题。他们可能暂时会因为失败发脾气，但他们有足够的兴趣和耐心继续去努力，只要爸爸妈妈鼓励他们、支持他们，并适当地指导他们，他们的创意和应变能力肯定会让爸爸妈妈感到震惊的。

此时的幼儿因为能力不够经常会不能做自己想做的事，如果爸爸妈妈这时还严格要求孩子，或给孩子制定高出他能力的目标，孩子就会更加容易感到挫折，长期如此，孩子就会对自己的能力感到疑虑。如果爸爸妈妈经常会对孩子说“你不行”“你怎么这么笨”“你怎么连这么点事都做不好”，或者因为孩子没有达到要求就斥责和惩罚孩子，那么孩子就会彻底否定自己的能力，他的潜力和自主性也会被扼杀。所以，爸爸妈妈千万不要否定孩子的能力，更不要批评、斥责或者惩罚孩子，要给孩子足够的自主空间让他自由发挥。

给孩子足够的自主空间并不是对孩子放任不管，更不是一味地满足孩子、溺爱孩子，事事为他代劳。培养孩子的自主性，消除孩子的羞怯感和疑虑，爸爸妈妈就决不能纵容孩子，要在不伤害孩子自尊心的前提下给予其必要的节制。爸爸妈妈纵容孩子就会使他渐渐变得目中无人，稍不顺心便大哭大闹，对任何事情总是抱着“予取予求”的态度来对待，凡事依赖别人，自我控制力差，对挫折的容忍度也非常低，这对孩子的成长会产生非常不利的影响。

总之，爸爸妈妈对待幼儿的态度要掌握好分寸，既给幼儿足够他自由发挥的自主空间，又要在不伤害他自尊心的前提下给予适当的节制，避免幼儿受到过于严格的训练和不公正的对待，这样就能消除幼儿的羞怯感和疑虑，也就不会使幼儿因为挫败感而影响自主性的发挥了。

超强的好奇心

“问题”小孩

三岁的小孩精力总是特别旺盛，他们总有问不完的问题，白天问星星哪里去了，晚上问太阳公公去哪了，在路上看见小鸟从头顶上飞过会问为什么小鸟能飞我不能飞，回家了看见小狗跑到门口就问为什么小狗不能像我一样用两条腿走路……

爸爸妈妈被孩子各种各样的问题搞得头都大了，孩子还是不屈不挠地问下去。他们对周围的一切事物都很关心，对什么都感兴趣，对所有的事物都要刨根究底地问个没完，爸爸妈妈三言两语根本就打发不了他们，在爸爸妈妈眼里，三岁的孩子简直就是“十万个为什么”。

三岁的孩子好奇心强，而且有很强的直觉能力，对环境敏感，尤其是来到一个新环境后，敏锐的观察力会使他们发现很多成人注意不到的细节，问题也就随之而来了。

三岁的孩子还特别喜欢冒险，他们对未知的世界充满了兴趣，总想对自己不知道的事情一探究竟，就算是自己把握不大的事情他们也敢去做。爸爸妈妈对这样的孩子很是苦恼，得时时刻刻注意着他的举动，稍不留神，他就不知道跑到哪里去“探险”了。

三岁的孩子什么都想尝试，看见奶奶织毛衣他会拿起针和毛线有模有样地织起来，最后把毛线弄得一团糟；看见爸爸玩电脑他也会凑过去动动鼠标、敲敲键盘，弄得爸爸什么都干不成；看见妈妈化妆他会拿起化妆品全涂到自己脸上，然后对着镜子里的自己哈哈大笑；出去玩他看方向盘在爸爸手里动来动去车就跑起来了，觉得神奇之后就非要自己开车……

最讨厌单调的生活也是三岁孩子的特点之一，他们讨厌一成不变的生活，喜欢寻求刺激，喜欢把生活弄得丰富多彩，他们总想搞点小聪明、耍点小花样，总是出其不意地给大人制造惊喜和麻烦。

三岁孩子的脑袋总是闲不住，看他是在安安静静地坐着，但他的思绪早不知道飘到了哪里。三岁的小孩喜欢幻想，他们会把自己幻想成某个童话故事里的主人公，历经千辛万苦和重重危险最终战胜了妖魔鬼怪，娶回了漂亮的公主。他们总是好奇如果自己能回到那个时候会是什么样子，他们还会把自己想象成孙悟空、葫芦娃、奥特曼等英雄，然后幻想自己与怪兽大战的画面。

爸爸妈妈有时候会很疑惑，为什么三岁的宝宝变成了“问题”小孩呢？为什么他总有问不完的问题呢？为什么他问的问题总是那么千奇百怪呢？

“我只是好奇心太强了”

三岁的小孩喜欢问千奇百怪的问题、喜欢冒险、喜欢幻想、喜欢尝试都是因为他的好奇心太强了。孩子的好奇心是与生俱来的，从他来到这个世界上开始，他就会用眼睛去看，用耳朵去听，用唇舌去触摸、去品尝，用鼻子去闻，这都是他与生俱来的好奇心在“作怪”，这也是他的游戏和乐趣。

幼儿对世界的认识是从好奇开始的，强烈的好奇心会增强幼儿的求知欲，对创造性思维与想象力的形成具有十分重要的意义，科学家培根也说过：“好奇心是幼儿智慧的嫩芽”，可见，好奇心对于启发幼儿的智力是非常有帮助的。

幼儿好奇心的发展是分阶段的，婴儿时期的孩子好奇心仅放在他所能听到、所能看到、所能摸到的东西上，因为他接触的事物范围有限，而且大脑还没发育到让他去关注视线以外的东西；1岁的孩子开始学说话，他们会指着他感兴趣的物体问“这是什么”，而爸爸妈妈只需要通过物品本身的“形、色、物、相”加以简单解释就能满足孩子的好奇心；2岁的孩子特别喜欢藏猫猫的游戏，这是他们好奇心进一步增强的表现，这时候即便某些物品不在孩子眼前，他脑海中仍会浮现该物品的形象，而且他们已经有了联想的能力，如果爸爸妈妈对这一阶段孩子提出的问题没有进行正面的回答，而是以其他字眼来敷衍或吓阻孩子，那么他们很可能就会对这个事物产生不必要的联想，内心充满恐惧和不安。

等孩子到了三岁，他活动的范围和空间进一步扩大，想象力的发展渐趋成熟，他们感兴趣的事物也比原来丰富了很多，这时候，他们就开始接二连三地问“为什么”了。多数爸爸妈妈刚开始还有耐心对孩子提出的问题一一解答，但随着各种问题接踵而来，而且孩子的许多问题根本就没有理由，爸爸妈妈也不知道答案是什么，或者一时找不到宝宝能够理解的答案，所以有些爸爸妈妈就渐渐不耐烦回答孩子的问题了。

好奇心是创造力的前奏、探索和创造的原动力，如果爸爸妈妈对孩子的好奇心给予轻视、嘲讽甚至压抑，那么孩子原有的那份强烈的好奇心就会渐渐消退，孩子的创造力就会被扼杀。而且，一个人的智力是否发达完全在于兴趣如何，如果孩子的好奇心被扼杀了，兴趣也就没了，智力的发展肯定会受到阻碍。所以，保护和引导幼儿的好奇心是非常重要的，它将对孩子成长产生非常重大的影响。

如何“保护好”孩子的好奇心

每一位爸爸妈妈都希望自己的孩子将来能够出类拔萃，甚至从孩子很小的时候就开始培养他的兴趣，给孩子报各种培训班，想让孩子长大后多才多艺。爸爸妈妈望子成龙、望女成凤的心情非常殷切，但不少爸爸妈妈却忽视了孩子成长的基本规律，在不知不觉中扼杀了孩子的兴趣。

好奇心是产生兴趣的基础，而幼儿阶段是形成好奇心最重要的时期，他们有一种本能的“探究反射”，发展这种心理因素对孩子开阔眼界、丰富思想、开掘智力潜能大有好处。可是，很多爸爸妈妈却在无意中将孩子的好奇心扼杀了，比如三岁的孩子总是喜欢问为什么，爸爸妈妈每天都被孩子问得晕头转向，于是，“没有为什么”“你怎么这么麻烦”“自己去玩，别来烦我”等话就成了爸爸妈妈口中频率最高的词，孩子的好奇心也就随着爸爸妈妈的斥责慢慢消失了。没有了好奇心，孩子就对什么都没了兴趣，没了兴趣，爸爸妈妈给孩子报多少培训班也是徒劳。

可见，爸爸妈妈要想培养孩子的兴趣和创造力，一定得让孩子保持旺盛的好奇心，这样他才能拥有强烈的求知欲，学习时才会如饥似渴。那爸爸妈妈怎样做才能让孩子一直保持强烈的好奇心呢？

首先，要正确对待孩子的提问。三岁的孩子爱问问题，这是好奇心强的表现，爸爸妈妈切不可置之不理或制止孩子提问，而是要鼓励孩子问问题，积极地去解答孩子的困惑。这样才能满足孩子的好奇心和求知欲，并促进其继续发展。

其次，爸爸妈妈回答问题要有启发性，有些如"这是什么"之类的问题可以简洁明了地回答，但若是稍带逻辑性的问题，爸爸妈妈要引导幼儿注意事物之间的联系，鼓励幼儿用自己已有的知识经验，通过观察和思考找到答案。这样能培养孩子探索事物的兴趣，发展孩子的逻辑思维能力。

孩子提出的一些问题可能比较难理解，爸爸妈妈不妨直接告诉孩子等他上学了，读的书多了，知识丰富了就会知道答案。如果爸爸妈妈也不太清楚答案是什么，与其含糊其辞被孩子追问，不如告诉孩子你也不知道，等查查书知道答案了再告诉他。爸爸妈妈一定要记得答复孩子，如果一直失信，那爸爸妈妈在孩子心中的威信也就消失了。

三岁的孩子由于好奇心强还热衷于搞破坏，比如拆玩具、拆插座、拆遥控，爸爸妈妈对孩子的破坏行为一定要正确处理，简单的打骂、惩罚不仅不能解除孩子心中的疑问和好奇，还很可能会激起孩子的逆反心理，你越打骂，他越爱搞破坏。既然孩子是因为好奇才搞破坏的，爸爸妈妈可以将玩具的构造、原理和正确玩法说给孩子听，然后动手和孩子一起将玩具组装好，这样不仅消除了孩子心中的疑问，让他增长了知识，而且拆卸和组装的过程还锻炼了孩子的动手能力、协调能力和手部肌肉精细动作的能力。

总之，爸爸妈妈要小心保护和培养孩子的好奇心，为孩子的创造力和智力发展提供条件。

CHAPTER 02

亲密接触与理解——与3岁幼儿的相处和沟通

老实说，与3岁的孩子相处和沟通还不需要什么技巧，只要一直秉持着与1岁、2岁幼儿相处的方法，比如耐心、热情、爱他们就可以顺利地度过一段时间。不过，当他已经表现出了明显的叛逆行为时，仅凭这些方法已经不能让你心平气和了。你需要更多的技巧和方法。

拥抱会让他感到安全

“妈妈，抱抱”

孩子长到三岁，妈妈却发现原来爱跑爱跳、走路都不让拉着手的小孩又变懒了，不仅出门就要人抱，就连在家里玩也是一会儿就要大人抱抱。如果没人去抱他，他就会哭闹，或者去给大人捣乱，一直到你抱着他为止。在路上，他会想方设法让不想抱他的大人抱着他，他会哭闹，会坐在地上耍赖，还会用双腿绊住大人的双脚，让大人无法走路，只能抱起他。

大部分孩子都是三岁左右的时候入幼儿园，这时候的孩子喜欢和老师保持身体接触，老师拉着他的手、亲亲他、摸摸他，他就会感到很满足，会很快适应幼儿园这个新环境。而比较内向的小孩入园后喜欢自己一个人待着，不和别人说话，也不和别人玩，很难融入集体，为了帮助这样的孩子早日适应幼儿园的生活，老师通常会给他们比较多的关注，经常抱抱他们，带着他们做游戏，这样过一段时间后，他们看到老师会主动要求抱抱，在老师的鼓励下慢慢去接触别的小朋友。

三岁的孩子似乎每时每刻都想让妈妈抱着，早上醒来第一句话就是“妈妈抱抱”，下午一放学就会飞奔到妈妈怀里让妈妈抱着，上学、回家的路上也希望妈妈抱着自己，就算在车上也想坐在妈妈的怀里。晚上睡觉前孩子一定要躺在妈妈怀里听妈妈讲故事，有了睡意后要在妈妈怀里听着摇篮曲才能睡着，不少爸爸妈妈都感叹孩子越长大越黏人。

三岁的孩子还喜欢和爸爸保持身体接触，他喜欢爸爸抱着他用胡子轻轻扎扎他的小脸，喜欢爸爸把他举得高高的，或者让他在脖子上“骑马马”，还喜欢坐在爸爸的双脚上“荡秋千”。总之，只要让他和大人保持身体接触，他就会很开心、很满足。

拥抱能减轻“皮肤饥渴”

在孩子刚出生的前两年，爸爸妈妈一般都比较喜欢抱着孩子，不断地对孩子进行爱抚、拥抱和亲吻，和孩子保持的身体接触比较多，甚至在孩子的走路敏感期也喜欢抱着孩子，怕他摔倒。而当孩子三岁之后，他们学会了行走，学会了交流，爸爸妈妈为了培养孩子的独立自主意识而逐渐减少了与孩子的身体接触。孩子不想走路想让妈妈抱，妈妈会说“宝宝是个大孩子了，要自己走路”，但爸爸妈妈越是不抱孩子，孩子就越缠着爸爸妈妈让爸爸妈妈抱。

爸爸妈妈总以为三岁的孩子自我意识逐渐增强，要在这个时期培养孩子的独立自主意识，减轻孩子的分离焦虑，所以就想让孩子逐渐和大人分开，也不再像之前那样频繁地抚摸和拥抱他。殊不知，婴儿期的宝宝非常渴望安全感和亲密感，爸爸妈妈的爱抚和拥抱能使他与爸爸妈妈建立良好的依恋关系，而三岁以后的孩子也是需要安全感和亲密感的，虽然他们渴望去接触更多的事物，渴望扩大自己的交际范围，但实际上他们是非常没有安全感的，他们渴望爸爸妈妈的拥抱和抚摸来减轻内心的焦虑和不安。

爸爸妈妈对幼儿的拥抱和爱抚还能减轻幼儿的“皮肤饥渴”，使他们的身心得到健康发展。“皮肤饥渴症”是20世纪初引进国内的概念，美国迈阿密接触研究机构负责人菲尔德指出：人体的肌肤和胃一样需要进食以消除饥饿感，而进食的方式便是抚爱和触摸。研究表明，如果一个人从小就缺乏他人的爱抚，那么他就会患上被称为“皮肤饥渴症”的心理疾患。

人类在幼儿时期，双亲和长辈的爱抚和拥抱，尤其是母亲的爱抚，对身体的发育、皮肤的健康、由触觉所带动的整个感知能力的提升都有着非常大的促进作用，更重要的是，长辈的爱抚能促进幼儿心理的健康发育。如果长辈能经常性地对幼儿进行自然的爱抚，那将使幼儿获得心理上的安全感，启迪他对于爱的珍视与寻求，使他在交往时能具备较高的亲和力。

多拥抱你的孩子

专家指出，患有“皮肤饥渴症”的人群大多幼年时缺乏双亲长辈的爱抚，尤其是母亲的爱抚，或是成年后缺乏伴侣的温柔爱抚。这类患者严重时不仅自身心理会产生严重的不安全感，变得自卑、怯懦、欺软怕硬，甚至会因嫉妒他人能获得爱抚而生发出不理智的报复行为，《红楼梦》中贾环之所以嫉妒宝玉就是因为宝玉能经常得到长辈的爱抚而他却得不到，第二十五回中贾环想用蜡油烫瞎宝玉的眼睛就是因"皮肤饥渴"而引发的疯狂报复行为。

温暖并有人陪伴会使幼儿产生信任感和安全感，这对他们认知世界是非常有帮助的，三岁的幼儿虽不像婴儿那样需要爸爸妈妈经常抱在怀里，但他们还不能完全离开母亲的怀抱。因为幼儿的心理依恋不是仅靠有食物吃就能完成的，他还需要爸爸妈妈的拥抱、爱抚、亲吻等肢体抚慰，这样幼儿才能与爸爸妈妈、他人形成信任、安定、亲密的依恋关系，养成活泼、热情、自信和自尊的性格。所以，对处在自我意识不断增强又对外界充满不安全感的三岁幼儿来说，爸爸妈妈一定要给予幼儿足够的拥抱和爱抚。

三岁的幼儿通常都会变懒，不愿自己走路，喜欢让人抱着，这时候爸爸妈妈一定不要一直拒绝抱孩子，你可以抱他一会儿，然后让他自己走一会儿，跟他说："你看某某小朋友比你还小呢，人家都自己走路，妈妈抱你一会儿你自己走一会儿，好不好？"千万不要粗鲁地拒绝孩子或批评、斥责、嘲讽孩子，而是要用温柔但坚定的语气鼓励他，让他感到离开妈妈的怀抱也是安全的，这样他才愿意自己走路。

三岁的幼儿开始上幼儿园，与爸爸妈妈接触的时间会比之前缩短不少，这让他们在回家后变得比以前更黏人，时时刻刻都想和爸爸妈妈待在一起，令爸爸妈妈烦恼不已。其实，只要爸爸妈妈知道一天当中什么时间给孩子拥抱，一天给他几次拥抱，这样就能让"黏人的小鬼"变得不再黏人了。

首先是早上起床时，拉开窗帘，用你的亲吻唤醒熟睡的宝宝，然后抱抱他，陪他说几分钟话，再给他穿衣洗漱，这样他早上睁开眼就能感受到母亲的温柔和呵护，他也就不会赖床不起了。

送孩子去幼儿园的路上如果他要求，你可以适当地抱他一会儿，但不要一直抱着。到了幼儿园门口，你要给他一个大大的拥抱，这样他就能安心地在幼儿园待一天了。

下班回到家还要给孩子一个大大的拥抱，孩子已经一天没见到你，你要用这个大大的拥抱来弥补这种长时间分离带来的亲子想念。然后抱着他，陪他玩一会儿，之后你就可以让他自己玩，你去做其他事情了。

晚上临睡前别忘了再次拥抱你的孩子。临睡前的十分钟最适合躺在床上抱着孩子给他讲故事，这是培养亲子关系最有利的时机，讲完故事后抱抱孩子，亲亲他的额头，有你拥抱的余温伴他入眠，他肯定会睡个好觉的。

此外，在幼儿生病、焦躁不安、受委屈、和小朋友吵架等特殊的时刻，爸爸妈妈要多多拥抱孩子，这时候的拥抱能减轻孩子的焦躁感和疾病带来的疼痛，也能转移孩子对病痛、委屈的注意力，有利于让他的情绪恢复平静。

不要以为拥抱孩子是个很简单的动作，敷衍了事的拥抱或只是用双臂紧紧抱住孩子并不能让孩子感到安全。在拥抱孩子的同时，你要用轻柔的语气和他说话，亲亲他，用眼光注视着他，让他感到你是在乎他、重视他的，要让他觉得你能了解他的感受。这样，你的拥抱才能让他有安全感。

用清晰的语言对孩子说话

“睡觉”or“觉觉”

人们和孩子说话，尤其是和小婴儿说话，语气通常都会嗲得不得了。幼儿喜欢说儿化语，喜欢说重叠的字音，或者用象声词代替事物的名称，想吃东西的时候他会说“饭饭”，想睡觉了说“觉觉”，想让人抱了会说“抱抱”，想玩玩具了说“车车”。爸爸妈妈为了方便和孩子沟通，会不自觉地使用这些儿化语，而且，很多爸爸妈妈觉得这样和孩子说话会比较亲切。

孩子长到三岁，有些爸爸妈妈会逐渐改变自己的说话方式，和幼儿说标准语，却发现，孩子大部分时候听不懂大人说的话，总是一副茫然的表情。于是，有些爸爸妈妈就放弃了，又开始和孩子说儿化语，还有一些爸爸妈妈觉得说儿化语显得和孩子关系亲密，就一直使用这种说话方式，觉得等孩子再大些了，自然就能听懂标准语，跟着爸爸妈妈学说标准语。

有一些爸爸妈妈还喜欢模仿孩子模糊不清的发音，觉得好玩，经常学孩子发音不准的词逗孩子。爸爸妈妈总觉得这样做没什么大不了，等孩子长大了自然就会改正过来了。

但也有一些爸爸妈妈从一开始就教孩子说标准语，遇到孩子发音不准的词汇反复给孩子纠正，吃饭、睡觉从来不和孩子说“吃饭饭”“睡觉觉”。孩子刚学说话时常常发音不清晰，把“吃饭”说成“七饭”、“爸爸”说成“大大”、“姑姑”说成“嘟嘟”，爸爸妈妈会不厌其烦地给孩子示范正确的发音，直到孩子能准确发音为止。孩子三岁的时候，这些爸爸妈妈就开始教孩子说一些比较复杂的句子了。

有的爸爸妈妈认为孩子还小，和孩子说儿化语很正常，只要孩子开心就行，等孩子大了自然就会改过来说标准语了；而有的爸爸妈妈则不这么认为，他们觉得从小教孩子说标准语有助于孩子语言能力的培养，这样对孩子的发展有好处。

等到孩子三岁的时候，有些爸爸妈妈会发现自己的孩子语言表达能力和其他同龄的孩子存在差距，很着急却不知道问题出在哪里。

幼儿的语言发展

众所周知，学龄前是幼儿掌握语言的敏感期，如果这个阶段对幼儿进行了科学系统的语言训练，那将对幼儿今后的语言及思维等能力产生积极影响。而三岁是幼儿语言发展最关键的时期，也是幼儿语言的迅速发展期。

一岁半到三岁幼儿从说得很少发展到说得很多，也很喜欢说，这是幼儿积极语言活动的阶段。幼儿刚开始说话时，喜欢说儿化语，这是因为儿童的大脑发育尚不成熟，发音器官还缺乏锻炼的缘故，是语言能力低的表现，也是幼儿语言发育过程中的一个必然阶段。爸爸妈妈在孩子“言语准备期”可以和孩子说儿化语，这样能引起孩子的注意和模仿，刺激孩子及早说话。但孩子长到一岁半左右时，就要减少或禁止和孩子说“儿化语”，否则就会影响孩子语言和个性的发展。

两岁的幼儿会说包括主语、谓语和宾语的完整句型，并且学会使用一些介词、冠词和助动词，感叹词和语气强调也出现，这时候的幼儿主要说两种句型，一种是主谓结构句，如“宝宝吃饭”“妈妈喝水”等，一种是谓宾结构句，如“玩玩具”“搭积木”等。

当幼儿长到三岁时词汇量已达1000左右，这个时期是幼儿语言发展的加速期，所说的句子结构也从单词句转化为双词句、多词句，三岁幼儿所说的话基本上都是完整句。

从三岁开始，幼儿的发音开始稳定。如果这时候爸爸妈妈使用错误的发音或不清晰的发音和幼儿说话，幼儿就会将这些发音当成正确的发音固定下来，等长大后再改正这些错误的发音就变得很困难。

所以，从小就教幼儿说标准语无疑对幼儿的语言发展是非常有帮助的。先教幼儿说儿化语，再教幼儿说标准语就是给幼儿建立了两套语言系统，而儿化语这套语言系统迟早是要弃之不用的，教幼儿说儿化语很明显是在浪费幼儿的大脑资源，耗费幼儿的精力。要知道，幼儿的大脑发育非常快，求知欲很强，长期使用儿化语，会使幼儿习惯于无需多做努力的语言环境，语言潜能得不到激发。而且，先前掌握的儿化语对幼儿学习正规语言会是一种阻碍。

对三岁孩子说话语言要清晰

有些爸爸妈妈觉得直接和孩子说标准语，孩子难以理解，沟通会比较困难，而说儿化语又不利于孩子语言的发展，那怎么办呢?

其实，爸爸妈妈可以采用儿向语和幼儿沟通。儿向语是爸爸妈妈在与幼儿交谈中以略高于其水平的语法、语义和语言内容与其进行交谈，可以是对幼儿语言的重复、扩充和评价，是宝宝能理解或经解释能够理解的规范的语言形式。儿向语不是儿化语，比标准语更有利于幼儿理解，而且儿向语是一种动态的语言，随着宝宝年龄的增长，语言能力的提高，儿向语在内容和形式上都会随之改变，无论何时，它都会比幼儿言语发展水平带有“略前性”。对于三岁的孩子，爸爸妈妈就要教孩子说比较复杂的话了。

孩子到三岁时，掌握的词汇和会说的句型已经很丰富，这时候很多爸爸妈妈会不太注重幼儿语言能力的培养，也不太注意自己平时说话的语言是否标准。其实，三岁前幼儿的语言词汇增加很快，这时候给孩子进行看图讲话是促进他词汇增加的快捷方法。爸爸妈妈可以用带插图的幼儿读本，问孩子图画上是什么人，他在干什么，他吃的苹果是什么样子的，是什么味道的，然后把这些句子合在一起，变成“这个小女孩在吃一个又大又甜又脆的红苹果”，让孩子跟着说几遍，然后让他自己说出来。在日常生活中，也要抓住每一个机会诱导孩子一面观察一面说出形容的词汇，使语言丰富。

孩子长到三岁7～9个月时，已经具备了一定的语言听说能力，这时候培养孩子语言能力的最好方法是给他讲故事。但爸爸妈妈只需讲故事讲到一半，然后让孩子自己去想象，把故事补充完整，这样不仅能锻炼孩子的语言表达能力，还能培养孩子的想象力，为他以后的写作打下良好的基础。

三岁10～12个月的幼儿，爸爸妈妈可以让他复述故事，并且向他提出问题，问他为什么会是这样的结局。孩子在思考和表达自己的想法时，会慢慢练习使用一些关系推理词来解答问题，这也会使孩子养成按关系推理解决问题的习惯。

三岁的幼儿会变得非常喜欢与人交谈，而且自己玩的时候喜欢自言自语。这是幼儿语言发展的正常情况，爸爸妈妈不必担心，只需在和幼儿交谈的时候注意使用清晰的语言、在幼儿发音不准时及时纠正就可以了。

三岁是孩子的发音稳定期，三岁幼儿的语言趋于方言化，即开始局限于本民族或本地语音，这时的幼儿已经掌握了本民族的语言。三岁的幼儿发音是否标准是非常重要的，如果此时发音不准，将来再改正时会非常困难，所以爸爸妈妈要特别注意这个时期幼儿的发音，不要强化幼儿的错误发音，也不要告诉孩子“不是七饭而是吃饭”，因为孩子还不太懂“不是什么而是什么”的意思，当他听到爸爸妈妈也说自己说的话时，就会以为自己说的是正确的，这样纠正只会使情况更加糟糕，爸爸妈妈只需要不断重复正确的发音就可以了。而且，此时爸爸妈妈一定要用清晰的语言和孩子说话，给孩子树立一个学习的好榜样。

可见，三岁是孩子以后能否发音准确的关键时期，所以，推广普通话也要从小做起。此外，三岁时让孩子掌握一定数量的外语单词也是很必要的，有研究表明，孩子十几岁以后是很难学会外语单词的正确发音的。

三岁幼儿的语言水平还存在着明显差异，具体表现为发音清晰度不同，对周围语言刺激敏感性不同，语言表达方式不同等。这是由于孩子本身语言发展能力不同和爸爸妈妈培养方式不同造成的，爸爸妈妈要掌握好自己孩子的语言发展水平，不需操之过急，但也不能放任不管，要针对自己孩子的发展情况制定相应的培养方案。

讲道理说服他

不听话的小孩

顶嘴、耍脾气、不理人、霸道、抢别人玩具、当众大哭大闹……三岁的孩子不听话的行为越来越多，有时还故意搞破坏，不少爸爸妈妈都被三岁的孩子折腾得筋疲力尽。讲道理、用爸爸妈妈的威严镇压、冷处理、惩罚等各种方法都试过了，可孩子依旧是那个不听话的小孩。

三岁的孩子到了人生当中的第一个叛逆期，与爸爸妈妈作对似乎是他们最乐此不疲的事。爸爸妈妈告诉他该睡觉了，他还在那津津有味地看动画片；爸爸妈妈说快点起床，要不去幼儿园就迟到了，他却在床上磨磨蹭蹭不起来，要不就大哭大闹不去幼儿园；爸爸妈妈教育他说不能随便拿别人的玩具，他却看到别人的玩具就和别人要，别人不给就强行抢过来……

三岁的孩子语言能力不断增强，与爸爸妈妈顶嘴成了家常便饭，有时还能讲出道理来。爸爸妈妈让他把玩具收起来再去玩别的，他却说“我自己决定什么时候收拾玩具”，然后就去看电视了，爸爸妈妈让他收完玩具再看电视，他大喝一声“你干涉我自由”；午睡起来，爸爸妈妈让他赶紧穿衣服好早点去奶奶家，他却说“奶奶家又跑不了”，你再催他，他就说“奶奶经常叫我做事情要慢慢来，不能着急”……这就是爸爸妈妈经常给孩子讲道理的后果，他会反过来把这些道理讲给你听。

面对不听话的小孩，气急了的爸爸妈妈通常会采取叫停、最后通牒甚至责骂惩罚的方法来对付这个令人头疼的小家伙。但结果可想而知，大部分都失败了，就算爸爸妈妈用自己的威严迫使孩子嘴上承认了错误或自己说出了你给他讲的道理，但他们的心里是不服气的。讲不进孩子心里去的道理是不会有任何作用的，这也就是为什么孩子明知道这些道理，却重复犯同样错误的原因。

三岁孩子能听懂道理

孩子不听话，刚开始时爸爸妈妈还与其讲道理，却发现很多时候给孩子讲道理就如同对牛弹琴，到后来，索性就不再给孩子讲道理，而是直接命令孩子该怎么做不该怎么做。不少爸爸妈妈认为，三岁的孩子还太小，听不懂那些道理，与其费劲唇舌和他周旋，不如直接告诉他正确的做法。其实，不是孩子听不懂道理，而是爸爸妈妈给孩子讲道理的方式和时机不对。

三岁的幼儿其思维模式已经从动作思维向形象思维转化。三岁以前的幼儿思维主要是动作思维，即思维是通过实物，伴随着动作来实现的，从动作到动作是这种思维的突出特点。比如，一只小皮球滚到了台子下面，不是先动动脑筋，想办法去取，而是马上趴下，钻到台下去拣。

随着经验的积累，三岁的孩子动作思维逐渐减少，形象思维不断增强，能借助物体形象或表象来思考。三岁的幼儿虽然仍受到具体事物的形象和动作的影响，但已开始摆脱对动作同步性的依赖，并且利用事物的形象以及事物形象之间关系解决问题的能力不断发展。

所以，利用因果关系等方式给孩子讲道理，孩子是能听得懂的。由于三岁的孩子自我独立意识的增强，他们开始变得叛逆、有主见、不听从爸爸妈妈“指挥”，这时候的他们内心要求大人将他们作为一个独立的有尊严、有能力的人来看待，而不是一个只会吃饭、睡觉、玩的小宝宝，此时的他们对大人的世界是充满好奇的，他们渴望能像大人一样自由地支配自己的生活。因此，爸爸妈妈可以利用孩子对大人世界的好奇心来给孩子讲道理，告诉他这就是我们大人世界的规则或道理，利用这样的方式和三岁的幼儿打交道，效果通常都会比较不错。

另外，孩子三岁时就该培养他社会规范了。三岁的孩子开始从家庭这个小群体走向社会这个大群体，开始了他的社会化过程。给孩子讲道理，让他明事理、懂规矩无疑能够使他拥有良好的处事能力，能够在社会中建立良好的人际关系。可见，给孩子讲道理是促进孩子社会化的有效手段。

怎样用道理说服三岁的孩子

很多爸爸妈妈都尝试过给犯错的孩子讲道理，但结果却不尽如人意，磨破了嘴皮，孩子依旧照错不误，有时犯了错还能将你说给他听的道理头头是道地说一遍，但说完了接着犯同样的错误。我们已经知道，孩子不是听不懂道理，而是爸爸妈妈给孩子讲道理的方式和时机不对。

试问，有多少爸爸妈妈是像《大话西游》里的唐僧一样，每天没完没了、滔滔不绝地给自己的孩子讲道理呢？很多爸爸妈妈都觉得孩子小，给他讲一遍道理他肯定记不住，于是就不停地在孩子耳朵跟前叨叨那些大道理，但结果是，孩子记住了这些道理，却照样犯错误。爸爸妈妈就很纳闷为什么孩子明明知道却仍旧犯错误呢？

其实，小孩的记忆力是非常好的，给他说过几遍的话他一般都能够记住，不需要爸爸妈妈天天耳提面命。说得多了，孩子心里会产生厌烦情绪，甚至是逆反情绪，爸爸妈妈越说，他就越爱犯同样的错。况且，大人知道的道理比孩子多很多，但还是会犯错误，自己都做不到的事情又怎么去要求孩子做到呢？知道而做不到，是很正常的一件事情，孩子这时需要的不是爸爸妈妈的那些大道理，而是需要爸爸妈妈的理解和包容，他们的长大需要时间。

所以，爸爸妈妈不要总是重复地给孩子讲同一个道理，而是要根据具体情况抓住正确的时机来教育孩子。讲道理的时机是非常重要的，一定要在孩子情绪良好、亲子沟通氛围良好的时候来讲，如果亲子之间有矛盾敌对情绪，那么再好的金玉良言，孩子也是听不进去的。

给孩子讲道理切忌在孩子情绪激动的时候，比如孩子在外面玩，看到别的小朋友的玩具自己想玩，可借的玩具他玩了好长时间还没玩够，玩具的小主人只好伸手去抢自己的玩具，这时候自己的孩子就会大哭大闹，如果此时你给他讲道理说“玩具是别人的，不是你的，你要把玩具还给别人”，估计他不但不会停止哭闹，还会说玩具是自己的。此时的孩子完全陷在自己的情绪当中，已经不顾事实了，你给他讲再多的道理都没用，他一句都不会听的。你不妨把他抱回家或抱到别处，拿他喜欢的另一个玩具转移他的注意力，等他情绪平静下来的时候再根据情境给他讲道理，比如这样说“龙龙你的小汽车好漂亮啊，跑得真快，一会儿我们拿到楼下给别的小朋友玩好不好？”他可能会说行，你接着说“那别的小朋友一直玩不还给你行不行呢？”他这时候肯定会说不行的，这时你就可以给他讲道理了：“那你刚才拿别人的玩具玩了那么久不还给人家对不对呢？”孩子听完你的话可能会低头不做声，不要非逼着孩子认错，只要他知道自己错了就可以，孩子听进心里的道理比口头上承认错误要重要得多。

给孩子讲道理是要将道理与实际的生活场景结合起来，引导孩子通过自己的思考去体会、总结出道理，而不是向孩子宣布不容置疑的结论。孩子自己亲身体会到的道理自然要比爸爸妈妈直接告诉的结果印象深刻。

借用故事给孩子讲道理是教育孩子的一个好方法。三岁的孩子处于最喜欢听故事的年龄，爸爸妈妈不必一成不变地按照书上的故事来念，可以将生活中的一些事情现编现讲。比如孩子早上赖床不起，你可以给他编一个从前小兔子早上不起床结果上学迟到、被老师批评的故事，让他知道赖床的后果他就会乖乖起来的。这个方法能够分散孩子的注意力，化解僵持的局面，还能起到教育作用，爸爸妈妈在孩子专心听故事的时候还可以帮他完成他不愿做的事情。

爸爸妈妈讲道理说服孩子的时候态度也很重要。严厉、不苟言笑的态度无形之中就把爸爸妈妈放到了孩子的对立面，让孩子觉得你是在限制他、强迫他，他自然就会产生戒备和对抗心理。如果爸爸妈妈能处在他的立场、态度温和但语气坚定地和他协商、讲道理，孩子就会很乐意和你交谈，你说的话他也会比较容易听到心里。但在必要的时候和一些特殊的时刻，爸爸妈妈一定要严肃地和他讲道理，不能让自己在孩子心里失了威信，要让孩子知道，有些时候有些事情是没有商量余地的。

最好用的教养法：转移注意力

“宝宝，看那边”

小孩子不懂事，经常会拿或碰一些危险的东西，也经常会因为爸爸妈妈不能满足他的要求而大哭大闹，任性时的孩子很少能听进爸爸妈妈的劝告，这时候转移孩子的注意力就成了最好的方法。因为幼儿的注意力还不稳定，所以此时转移注意力还是比较容易的。

比如孩子玩腻了手里的玩具，看见墙角的插座就想去拨弄一下，这时候如果爸爸妈妈立即跑过去阻止孩子，他可能就会哭闹，非要玩插座不可，你越阻止，他的好奇心就越强；但如果你装作不经意地喊他一声“宝宝，你来看妈妈手里拿的是什么呀”，他很可能就会被你的话吸引过去，然后开始对你手里的东西感兴趣，完全忘记了他刚才想去玩什么。

孩子赖在玩具柜台前不走也是令爸爸妈妈非常头疼的事情，此时爸爸妈妈不掏钱买下他心仪的玩具他是不会甘心的，爸爸妈妈的呵斥和强行拖走只会使孩子满地打滚，引来众人侧目，让爸爸妈妈尴尬不已。而给他讲“家里已经有两个这样的玩具，不能再买了”或者“昨天刚给你买了新玩具，今天不能再买了”，这些话小孩子也是听不进去的。此时最好的方法就是转移他的注意力，你可以用着急的语气和他说“宝宝快点走，前面有你爱吃的水果，我们去晚了就买不到了”，或者说去买别的他喜欢的东西。当听到要给他买他向往已久的东西时，他的注意力会马上从玩具转移到别处，爸爸妈妈的尴尬处境也就解决了。

但随着孩子逐渐长大，尤其是到了三岁以后，爸爸妈妈会发现想转移孩子的注意力没以前那么容易了。三岁半之前的孩子还比较乖巧，三岁半到四岁的孩子变得很叛逆，而且还有点小固执，认定的事情就一定要做，爸爸妈妈这时候转移他的注意力是很困难的。

三岁孩子的注意力为什么较难转移?

三岁以前的幼儿持续注意的时间很短，注意力比较容易转移，而三岁以后的幼儿注意力可持续九分钟，再加上幼儿接触的事物越来越多，思想越来越丰富，独立意识也越来越强，他们一旦对某件事情或某个事物感兴趣，其他人或事很难吸引他的注意力。

三岁之前的幼儿是无意注意，而到了三岁，幼儿虽然还是以无意注意为主，但已经初步形成了有意注意，他们开始主动地调节自己的心理活动集中指向于应该注意的事物，所以，当幼儿一旦被某件事情或某个事物吸引了，其注意力是比以前难转移的。

而且三岁的幼儿独立自主的要求很强烈，他们反感爸爸妈妈的包办和摆布，越是爸爸妈妈说的话他们越会抵抗，越是爸爸妈妈反对的事情他们就会越喜欢做。于是，当他们非常乐意做某件事情时，爸爸妈妈来转移他的注意力不仅徒劳无功，还会引起他们的逆反心理。

三岁的幼儿虽然注意力比以前难转移，但由于他们的注意力还不是很稳定，比较容易被新鲜的事物所吸引，注意力还是比较容易被分散的。爸爸妈妈只要掌握了正确的方法和时机，转移孩子的注意力就是教养孩子的最好方法。

用点心思转移孩子注意力

与批评、责罚、打骂、冷处理、放任不管等方法相比起来，转移幼儿的注意力无疑是处理亲子矛盾的最好方法。转移三岁之前幼儿的注意力是比较容易的，因为三岁之前的幼儿注意力持续的时间超不过五分钟，而且非常不稳定，稍微一点刺激就能将他的注意力吸引到别处。而要转移三岁幼儿的注意力，爸爸妈妈就要多些耐性，多花些心思了。

哭是幼儿发泄情绪的一种方式，三岁以前的幼儿大多是因为饿了、冷了、不舒服了、要去大小便等而哭，原因比较简单，爸爸妈妈处理起来比较轻松。但三岁以后的幼儿因为情感越来越丰富，哭的原因也变得复杂起来。爸爸妈妈若是没有搞清楚状况就想转移幼儿的注意力，肯定是达不到预期效果的。

哭是幼儿的一种对负面情绪的体验，如果爸爸妈妈还没弄清楚幼儿为什么哭，或觉得幼儿的要求不合理，那就不妨让他哭一会儿。给幼儿适当的独自承受和处理负面情绪的时间，有利于幼儿体验和控制情绪能力的发展。等幼儿情绪稍微平静的时候，再想办法转移他的注意力，将他从这种负面情绪中解脱出来。

三岁的幼儿萌生了自我意识，开始有独立的愿望，但他们只具备了一些初步的简单的生活知识和生活经验，他们想独立，却又做不好，他们会固执地要做好一件事，却总是失败，于是，在经历了一两次失败后，他们因达不到目的就会大发脾气。比如幼儿想用积木搭一座自己想象中的房子，可他总也搭不好，这时候他就会发脾气，爸爸妈妈如果不明情况就说“宝宝，我们去外面玩吧”或者“宝宝，我们玩汽车好不好”，心情相当不好的幼儿这时候是听不进这些话的，他的心思还在积木上。爸爸妈妈不妨先让他发会儿脾气，等他的脾气差不多没了再转移他的注意力。三岁的幼儿发生这种情况的频率是比较高的，爸爸妈妈不要每次都急于转移他的注意力，给他合适的时间让他发泄自己的负面情绪也是非常必要的。关键是事后爸爸妈妈要想办法教他学会怎样处理自己的负面情绪，告诉他自己不会或做不好的事情可以向别人寻求帮助，请别人来帮你做，而不是发脾气；如果是他能力还达不到的事情，可以直接告诉他等他再长大点才能做，不用着急。

三岁的幼儿开始接触外面的世界，开始尝试着交友，他们的交友是从玩具间的交换和传递开始的。但三岁的幼儿物品归属权的概念还不是很清楚，当他们喜欢或玩得尽兴的时候很可能会把别人的玩具当成自己的，这时候玩具的小主人必然会和拿他玩具不还的小朋友产生矛盾甚至发生抢夺。爸爸妈妈发现，这时候转移幼儿的注意力是比较困难的，不管你怎样说，幼儿的关注点还是在他喜欢的那个玩具上。此时，爸爸妈妈不妨采取强制政策，将幼儿抱到另一个地方，然后拿出别的玩具或给他找些别的事情做，这样当远离了发生矛盾的那个情境，幼儿的注意力是比较容易转移的。

很多爸爸妈妈是在幼儿出现问题时才临时抱佛脚，想用最直接、最有效的方法赶快转移幼儿的注意力，这一招对付三岁之前的幼儿还管用，因为三岁之前的幼儿受到点刺激，注意力就会转移，而想用这招转移三岁后的幼儿的注意力就没什么作用了。与其事到临头才着急忙慌地想办法，不如平时就多下点工夫，引导幼儿多接触一些事物，不要只是让他玩玩具或是自己玩，可以让他帮爸爸妈妈做些家务，扫扫地、擦擦桌子，虽然幼儿还做不好，但这样不仅能让他扩大自己的视野，注意更多的事情，还能锻炼他的肢体协调能力和手部精细小动作的能力，幼儿也就不会经常因为自己小世界的那点烦恼大发脾气，爸爸妈妈也就不用天天想着用什么方法转移孩子的注意力让他不哭不闹了。

时时处处让他感觉被尊重

蹲下身来和孩子说话

随着时代的发展，现在大多数爸爸妈妈都不再采用“板着面孔”的姿态来教育孩子，很多爸爸妈妈也越来越重视幼儿的早期教育，但有时候，爸爸妈妈和幼儿相处时不注意的一些细节会与爸爸妈妈最初的愿望南辕北辙。

婴儿期的幼儿走路还不稳当，爸爸妈妈最喜欢抱着孩子或者蹲下身来陪孩子玩耍，而当幼儿到了三岁，爸爸妈妈看着能跑能跳的幼儿便慢慢改变了自己蹲下身来和他说话、玩耍的习惯，变成了一个略带“威严”的爸爸妈妈，大多数时候总是站着或者俯下身来和幼儿说话。

三岁的幼儿随着自我意识的增长，变得越来越好动，什么东西都想摸摸、碰碰，什么事情都想自己亲自动手，但又经常做不好。这时候，爸爸妈妈往往会生气地站在幼儿跟前，说："说了多少遍不让你动这些东西，你怎么就是不听话？"这时候的幼儿往往会生气哭闹或委屈得不说话。

三岁的幼儿跃跃欲试地想做很多事，而爸爸妈妈总是喜欢实行包办政策或者禁止幼儿的某些行为，这让幼儿很不满意，他们的自我意识会让他们觉得爸爸妈妈干涉了他们的自由，他们感到自己不被尊重。

三岁的幼儿话还变得很多，他们不仅喜欢和爸爸妈妈说话，喜欢自言自语，还喜欢在别人说话的时候插嘴。当你和家人在讨论某个问题或是碰见朋友聊天时，你旁边的幼儿也会不甘寂寞地说上几句话，如果没人理他，他会继续说直到有人有反应。如果这时你因为他的插嘴而批评他时，他会非常的不开心。

爸爸妈妈还发现三岁的幼儿好像有点爱面子了，如果当着很多人批评他或说他哪里做得不好，他也会发脾气或坚决不认错。三岁的幼儿还不喜欢爸爸妈妈总是说别人比他做得好，不喜欢爸爸妈妈数落他的缺点，不喜欢爸爸妈妈指责他。

总之，幼儿还有很多行为让爸爸妈妈觉得奇怪或莫名其妙，他们觉得自己的孩子已经是备受宠爱了，为什么很多时候孩子还是不开心呢？其实，不是爸爸妈妈给孩子的爱太少，而是爸爸妈妈爱孩子的方式出了问题，孩子在长大，爸爸妈妈的心理却没随着发展，他们不知道三岁的幼儿也是需要被尊重的。幼儿备受宠爱却不开心就是因为爸爸妈妈忽略了他们的心理感受，让开始有了自我意识的他们觉得自己没有被别人尊重。

“我也需要被尊重”

很多爸爸妈妈会把三岁的幼儿当成什么都不懂的小孩，以为只要让他吃好、穿好就可以了，其实，三岁的幼儿已经不再是那个只要求吃好、穿暖、玩开心的小孩了，他已经开始出现自我意识，他开始把自己当成一个独立的人来看待。

三岁的幼儿除了吃好、穿好的需要外，还有渴望得到尊重、渴望独立自主、渴望自由创造的需要。婴儿期的孩子几乎没有自己的思想，也没有任何主观意识，对父母的话可以说是唯命是从。而到了三岁左右，幼儿有了一定的分析能力和思考能力，渐渐有了自己的喜好、想法和情绪。当爸爸妈妈所说的话与他的意愿相违背时，他就会选择拒绝。

三岁的幼儿不仅活动范围扩大，他的语言能力也已经发展到了足够的水平使他能提出问题，他对自己的探索越来越有兴趣，但由于经验不足和身体协调能力还没发展到一定的水平，他会经常失败。虽然结果会失败，但他不想自己被剥夺探索的权力，在他的意识里，他已经是个独立的人了，如果有人想否定或制止他的行为，他会觉得自己没有被别人尊重。

幼儿喜欢插嘴是因为大人没有注意到他，他觉得自己被忽略了，这种忽略会让他觉得别人不尊重他的存在。同样，他喜欢提意见也是希望别人能注意到他，并不是纯粹的捣乱，如果爸爸妈妈对他的意见置之不理或很干脆地否定，这也会让他觉得爸爸妈妈没有在乎他，没有尊重他。

不要以为三岁的幼儿没有自尊心，其实，自尊心是一个人在对待自己的态度中表现出的自我价值的判断，它是自我意识中自我体验的一种形式，它以自我评价为基础，对幼儿的自我行为起着调控作用。当幼儿的自尊需要得到满足时，就会产生积极情绪，反之，就会丧失自尊心，否定自己。

三岁的幼儿已经有了自我意识，也就是他的自尊心正处于发展之中，这时候的幼儿做什么事都希望得到爸爸妈妈的肯定，因为三岁的幼儿还处于他人评价系统之中，还不具备自我评价的能力。如果他做的事情尤其是他努力做的事情得到了爸爸妈妈的肯定，他就会有一种被尊重和满足的感觉，而如果他的言行得到的是爸爸妈妈的否定或置之不理，他就会非常沮丧、非常失落，那种没有被尊重和满足的感觉会让他丧失正在形成的自尊心。

时时处处尊重自己的孩子

三岁的幼儿是从周围人的评价中来形成自己的自我价值观的，他还不能客观地评价自己。爸爸妈妈、老师的夸奖会让幼儿自我感觉不错，会觉得自己备受关注，自己的言行被成人接受、认可和鼓励会让幼儿感到被尊重，觉得自己能担负一些责任，意识到自己在这个世界上是有价值的、有能力的和必不可少的，这对他们自尊心和自信心的形成能起到非常好的促进作用。

如果幼儿的言行经常受到爸爸妈妈或老师的否定，他们就会觉得自己不被信任、不被尊重，形成消极的情绪，这对幼儿的心理健康成长会产生非常不利的影响。所以，爸爸妈妈在教养幼儿的过程中，要时时处处注意尊重幼儿。

尊重幼儿就要将幼儿当成一个独立的人来看待，消除控制孩子的想法。婴儿期的孩子与母亲具有一体感的特点，母亲也有把孩子看成自己一部分的强烈感情，容易产生控制孩子的想法。当孩子长到三岁时，自己动手的愿望越来越强烈，也有了自己的想法和情绪，学会了对爸爸妈妈说“不”。这时候的爸爸妈妈往往很难适应孩子的变化，还想把孩子当成那个爸爸妈妈说什么他听什么的小婴孩，对孩子的愿望和要求置之不理，一心按照自己的想法教养孩子。结果，孩子的自信心和自尊感就在爸爸妈妈的不尊重和强行禁止中被扼杀了。

尊重幼儿就要信任孩子、给他选择的自主权、让他拥有自己独立的空间，还要善待他的朋友。信任孩子就要放手让孩子自己做事情，不管结果怎样，都鼓励孩子，而不是批评、指责孩子什么都做不好。长期的指责会让孩子为自己的存在感到“内疚”，他不知道自己为什么做什么都是错的，为什么做什么都不能得到爸爸妈妈的肯定和喜欢，长期下去，孩子就会变得沉默寡言、缩手缩脚、唯唯诺诺，什么都不敢去尝试。

三岁的孩子喜欢什么不喜欢什么都有自己的想法，爸爸妈妈要尊重孩子的选择，比如孩子喜欢穿什么样的衣服，想买什么颜色的书包，周末想去游乐场还是想回奶奶家。如果爸爸妈妈能采纳孩子的意见，他就会因为自己的意见得到了爸爸妈妈的肯定而兴奋，觉得自己是很重要的，这有利于孩子以后养成独立做主的好习惯，遇到需要自己选择的事情时能从容应对，而不是犹豫不决。

热情地对待他的小朋友，三岁的幼儿也会觉得自己备受尊重。三岁的幼儿开始学着交往，他开始和别的小朋友互换玩具，喜欢去别人家玩，也喜欢别的小朋友来自己家里做客。当有小朋友来自己家里玩时，他会像个小主人一样接待他的小客人，如果爸爸妈妈对他的小客人表示不欢迎，他会觉得自己非常没面子，不尊重他的客人就是不尊重他。所以，爸爸妈妈一定要热情周到地接待孩子的小客人，让他感受到被尊重，你的热情接待也会让孩子在自己的客人面前很自豪。

蹲下身来和孩子说话，能让孩子直视你的眼睛，孩子会切实感受到平等和来自爸爸妈妈的尊重，这种交流方式非常有利于促进亲子关系的发展。总之，爸爸妈妈要尽力营造一个民主、平等、温馨的家庭环境，因为在这样的环境中，幼儿才会时时处处感受到被尊重。

鼓励和赞扬他好的行为

好孩子是夸出来的

很多爸爸妈妈都知道好孩子是夸出来的，幼儿和大人一样，也喜欢听到赞美和欣赏，不喜欢听到指责和批评，不到一周岁的婴儿就喜欢别人用高兴的语气和他说话，喜欢听到别人的夸奖，当别人夸他时，他会兴奋得拍拍手。

三岁的幼儿更是到了“捧人的年龄”，特别喜欢爸爸妈妈的夸奖。三岁的孩子喜欢做让爸爸妈妈高兴的事，爸爸妈妈越夸他，他就会越兴致勃勃地去做。爸爸妈妈还发现，命令孩子去做的事情他不做，而同样的事情，爸爸妈妈若是先夸他几句，他就会兴冲冲地跑去做了。

爸爸妈妈还会发现，三岁的幼儿在家做什么都兴趣高涨，而到了幼儿园后就变得蔫蔫的，不爱说话，也不爱和小朋友交往，什么都不愿意做。这是因为，在家里的时候他做完事情会有爸爸妈妈夸奖他，得到了别人的肯定和夸奖，他会更积极地去做其他的事；而在幼儿园，由于老师的忽略，孩子做了什么事情后得不到老师的表扬，这让他失去了做事的动力，同时也可能产生自卑心理，觉得自己做得不好，所以就不愿意再去做其他事情了。

三岁的孩子很多事情会做不好，这与他们的能力有关系，但他们并不想听到爸爸妈妈的批评和指责，也不愿意爸爸妈妈禁止他们再做这些事情。三岁的孩子很可能会想帮妈妈扫地却总也不能把垃圾扫到一块儿，想给家里的小狗洗澡却把水弄得满屋子都是，想帮妈妈择菜却把好好的菜扔进了垃圾筐……这时候，大多数爸爸妈妈会对孩子说：“宝宝，你还小，做不了这些事，你去玩吧，妈妈来做。”如果孩子坚持，爸爸妈妈就会强行把孩子带走，殊不知，孩子做事的积极性就在爸爸妈妈的否定声中被打消了。

三岁的孩子还会有些事情总是做不好，有的爸爸妈妈就会批评孩子：“你怎么那么笨，为什么总也学不会。”如果孩子做了不好的事情，或平时很淘气，爸爸妈妈就会经常自觉不自觉地批评孩子，想用自己的威严来压制孩子，结果越压制孩子就越反抗，爸爸妈妈越批评孩子就越不听话。

这些爸爸妈妈大多不知道三岁的孩子需要人“捧”，只有夸奖和赞扬才能让他们心甘情愿地去做事情，批评和压制只会让他们变得更加叛逆和不听话。

夸奖是孩子健康成长的催化剂

随着大脑的发育和语言能力的发展，三岁幼儿的情感也开始变得多样化，他不会再像两岁时那样一发火就躺在地上滚来滚去，恐惧、发火、高兴等情绪他都能用准确的语言表达出来。而且，三岁幼儿的喜悦已不是一般物质性的，他不会只想得到物质奖励，精神奖励对他来说也非常重要。

三岁的幼儿喜欢做能让爸爸妈妈高兴的事，爸爸妈妈的鼓励能增加他们的积极性，越是夸奖他他就会做得越好，这是因为他们是从依赖成人对自己的评价到学会自我评价的。三岁的幼儿自我意识和独立性不断增强，但他们并不知道自己所做的事情是好是坏，而成人的评价就是他们调整自己行为的标准。

而且三岁的幼儿处于自尊心敏感期，他们从爸爸妈妈的评价中获得对自我的肯定或否定，爸爸妈妈的夸奖能使他们获得愉悦快乐的情感体验，激发他们积极向上的情绪和愿望，这非常有利于他们自尊心和自信心的培养；而爸爸妈妈的忽视、批评或不耐烦则会让幼儿得到否定的自我评价，极容易形成自卑心理。

心理学家威廉·詹姆斯说："人性中最深切的渴望就是拥有他人的赏识。"能够正确进行自我评价的成人尚且渴望得到别人尤其是长辈或者领导的认可和夸奖，更何况是还没有能力进行自我评价的三岁幼儿呢？爸爸妈妈恰当而适度的夸奖能肯定和强化幼儿的好品行，让其获得愉悦的心理体验，从而建立起自信和自尊。

爸爸妈妈对幼儿的肯定和夸奖能使幼儿体验到成功的快乐，感受到自我的尊严和价值，促使他形成积极的自我意识和自信心。而自尊心、自信心和积极的自我意识的培养是形成健康心理和人格的核心，可见，爸爸妈妈的夸奖是促进幼儿健康成长不可缺少的催化剂。

换种方式夸孩子

爸爸妈妈的夸奖对孩子的成长具有非常重要的作用，但是不是所有的夸奖都能起到积极作用呢？我们经常听到一些爸爸妈妈尤其是母亲把“宝贝，你是最棒的”“宝贝，你是最漂亮的”“宝贝，你是最聪明的”挂在嘴边，爸爸妈妈这么说一方面是出于疼爱自己的孩子，一方面是想夸出一个好孩子，但结果却不那么尽如人意。

其实，“好孩子是夸出来的”这句话一点没错，错的是爸爸妈妈夸孩子的方式。很多爸爸妈妈都经常根据个人喜好来夸孩子，“宝贝你是最聪明的”“宝贝你是最漂亮的”就成了这些爸爸妈妈的口头禅，溺爱孩子的爸爸妈妈更是不管孩子的行为是对是错，都会说“我家宝贝是最乖的”“我家宝贝是最听话的”。这种夸孩子的方式是效果最差的，一个“最”字让孩子觉得自己是最好的，没有人能超过自己，这样一旦别人做得比他好，他就接受不了这个现实，很有挫败感；以后不管做什么事情他都会选比较容易的来做，以便获得爸爸妈妈的夸奖，而稍微有些难度、需要他努力去做的事情他就变得不愿尝试，害怕自己做不好就得不到爸爸妈妈的表扬。长期这样下去还会使孩子觉得爸爸妈妈的夸奖是廉价的，起不到夸奖应有的作用，也非常不利于孩子独立精神的培养。

爸爸妈妈还喜欢用“结果式”的夸奖方法，每当孩子做了一件事后，就会说“宝贝你做得真好”“宝贝你真是了不起”。这种没有针对性的夸奖同样也存在严重的欠缺，爸爸妈妈这样夸孩子会让孩子觉得好的结果是最重要的，如果下次失败了，他就会觉得自己是愚笨的。当他遇到失败时，很容易沮丧，自我价值感降低，这非常不利于自信心和抗挫能力的培养。而且，长期接受这种教育的孩子长大后很可能养成为达到目的不择手段的做事方法，所以，这种夸奖方法对孩子的健康成长也会产生不利影响。

那到底该怎么夸孩子呢？理想的做法应该是与幼儿过去的表现作比较，即看到每个幼儿在自身原有水平上的不同程度的进步，并给予及时的恰当的评价，同时顾及每一个孩子的发展与提高。夸奖孩子时需注意夸奖内容要具体、要有针对性、注意过程取向，而不要什么事都用笼统的“宝贝你做得真好”来代替。

三岁的孩子喜欢学东西，他兴致勃勃地用橡皮泥捏了条小蛇给你看，满心希望得到你的鼓励，结果你只是像平常那样看都没仔细看一眼就说：“宝宝，你做得真好看。”你要总是这样夸孩子，孩子就会觉得做什么都不过如此，而且你的神情会让孩子不再相信你的评价，孩子还可能会觉得这很简单，以后遇到难题时反而会怀疑自己的能力。

其实，孩子这时候最想听到的是爸爸妈妈对他的努力进行夸奖，而不是单纯地对事情的结果做出好与坏的判断，爸爸妈妈可以这样夸孩子：“宝宝你做的小蛇眼睛真有神，好像活的一样，快告诉妈妈，你是怎么想的，你怎么会想到用这种颜色来捏小蛇呢？”这样孩子会很乐意回答你的提问，他的自信心和积极性也会得到激发。

让孩子学会收拾自己的玩具和房间也是件很难的事情，爸爸妈妈一次次的说教对孩子一点作用也没有。爸爸妈妈不妨注意观察幼儿，在他某次主动把玩具收拾好后夸奖他，但不要说“宝宝你真是个乖孩子”之类的话，这样的话使孩子弄不清楚自己到底是哪做得好受到了表扬。爸爸妈妈的本意是强化他自觉收拾玩具的好行为，就要把这个意思表达清楚了。爸爸妈妈可以说："宝宝今天主动把自己的玩具收拾好了，妈妈为你长大了感到开心。"

这样有针对性、内容具体的夸奖会让他知道收拾玩具和房间是好的行为，而且能帮助他懂得今后应该怎样做。

三岁的孩子正处于自尊心敏感期，他希望能够得到爸爸妈妈的鼓励和肯定，而不是批评和指责。所以，爸爸妈妈想让孩子改变某种不好的行为时，不妨先压制一下自己的怒气，不要再喋喋不休地批评孩子，而是抓住孩子的点滴进步来表扬他，通过正面鼓励的方式来强化他做这件事的积极性，并不断坚持下去，相信孩子在你的不断肯定和鼓励中会慢慢改变那些不好的行为。

给他自由和空间

“妈妈，我想自己去玩”

由于三岁的孩子还小，爸爸妈妈总是喜欢牢牢地看着孩子，限制孩子的活动，不许他玩水，不许他玩沙子，不许他到马路边上玩，不许他登高爬低，不许他和小朋友摸爬滚打……更有甚者，只许孩子在家安静地看书、看电视、摆积木、玩车模，出去玩孩子也只能乖乖地牵着爸爸妈妈的手，不能自己随便跑、跳，就算在儿童游乐园也必须在爸爸妈妈的陪伴下玩，不能自由活动。爸爸妈妈以为这种无处不在的监督和陪伴才能保证孩子的安全，才能让孩子健康成长。

有的爸爸妈妈不仅喜欢看着孩子玩，还要时不时地指点孩子，告诉孩子这个玩具怎么玩，那个东西不能那样玩，孩子本来玩得兴致勃勃，在经过爸爸妈妈的一番点拨后就一点也不想再玩这个玩具了。

最让爸爸妈妈无法忍受的就是孩子坐在床上或沙发上，有时候甚至会坐在地上，什么也不玩，也不说话，就一个人安静地坐着。偶尔一次爸爸妈妈还能接受，如果次数稍微多一点爸爸妈妈就会认为孩子的脑袋是不是有什么问题。

爸爸妈妈总是想方设法把孩子一天的活动安排得满满当当，生活上对孩子实行包办政策，饮食起居都有爸爸妈妈代办，不给孩子动手的空间；娱乐活动上给孩子买各种各样的玩具，不给孩子独处的空间；有的爸爸妈妈甚至还给三岁的孩子报培训班，本来该自由玩耍的孩子变得一点自己的时间都没有。

总之，爸爸妈妈就是想让孩子时时刻刻都在自己的身边，心甘情愿地花大把大把的时间和金钱在孩子身上，以为这样才能和孩子建立良好的亲子关系，以为这样才有利于孩子的健康成长。其实，孩子最想对这样的父母说的话是：妈妈，请给我自由，我想自己去玩。

孩子成长需要自由和空间

我们都知道，青春期的孩子都比较叛逆，他们强烈渴望脱离爸爸妈妈的束缚，获得个人成长的自由空间。其实，青春期是孩子的第二个叛逆期，三岁才是孩子成长的第一个叛逆期，拥有属于自己的独立空间是每个处于叛逆期孩子的需求，三岁的孩子也不例外。

幼儿从会爬开始，就一点点扩大自己的活动范围，当他学会走路后，他就喜欢不停地跑来跑去，尤其是三岁的幼儿，他们的好奇心越来越强，活动范围也进一步扩大，登高爬低、和小伙伴追逐打闹变成了他们最爱的游戏。我们知道，婴幼儿时期是孩子身体发育的高峰期，从头脑、内脏、躯干到四肢都在快速成长，不仅需要丰富的营养，还需要充足的活动。这时候让幼儿自由自在地奔跑玩耍非常有利于他们躯干和四肢的发育，使胳膊和双腿的骨骼与肌肉快速生长，从而具备灵活的控制力和协调力。可见，从生理上说，限制幼儿的活动、不给其活动的空间会影响其身体正常的发育。

除了身体发育的需要外，幼儿心理的健康发展也需要自由和独立的空间。三岁之前的幼儿由于没有自我意识，需要爸爸妈妈为其安排日常生活，而三岁的幼儿已开始出现自我意识，有了自己的主见、表达内心和自己的世界，进入自主期。三岁的幼儿开始有了自己感兴趣的事情，并希望自己能自由支配时间去做自己喜欢做的事，这时候的他们最热衷于参加社交活动，也就是喜欢和小朋友玩，如果爸爸妈妈限制太多，他们就比较容易失去这一兴趣。

三岁的幼儿越来越希望离开爸爸妈妈的视线，去开拓出属于自己的空间，如果爸爸妈妈能给幼儿适度的自由和空间，幼儿通过自由支配时间和自主安排活动，能很好地促进其自身身心健康发展和各项素质能力的提高。相反，如果爸爸妈妈总是干涉或试图控制幼儿，只会使幼儿变得急躁、叛逆或缺乏主见。

三岁的幼儿可能会一个人发呆或无所事事，如果幼儿没有主动要求，爸爸妈妈就不要按自己的意愿来安排他的活动。其实，“虚度光阴”对幼儿来说也是一种休息和能量储备，一定时间的“逃离”和创造力对孩子们的成长至关重要，而爸爸妈妈对幼儿的安排过多会扼杀他们的独立性和创造力。所以，爸爸妈妈要允许幼儿有无聊的时候，不要刻意去照看幼儿，给他们留出独处的空间，还给他们自娱自乐的自由。

把自由还给孩子

孩子就像小树，需要修剪，也需要自由成长的空间。爸爸妈妈在教养孩子的过程中，不要总是按照自己的意愿来规划孩子的生活，三岁的幼儿已经有了自己的想法，他们想通过自己的行为来寻求身体和思想上的独立，想自己学习知识，吸收周围世界的经验，你的安排未必有利于孩子的身心发展。所以，把自由还给孩子，不要总认为自己与孩子是亲密无间的，他们已经开始需要属于自己的独立空间了。

蒙台梭利博士说："人们面临的最大问题之一，就是他们没有认识到，儿童拥有一种积极的精神生活，尽管儿童当时并没有表现出来，而且他也必须经过相当长的一段时间来秘密地去完善这种精神生活，既然儿童是个谜，需要时间秘密地去完善他们自己，空间对他们来说是必不可少的。"蒙台梭利教育法一再强调让孩子们根据自己的兴趣去学习，给他们时间自己去观察、摸索，耐心地让他们去重复。而孩子的兴趣是在自己的不断摸索中形成的，并不是爸爸妈妈强行培养出来的，想要培养孩子的兴趣，不妨给孩子充足的空间让孩子自由地玩耍，在他玩耍的过程中你就会发现他到底对什么感兴趣了。

给孩子自由就要给孩子自由活动的空间，不要捆绑住孩子的手脚，这危险不许他去，那不干净也不许他去，在爸爸妈妈限制中长大的孩子永远都不会快乐。在确保安全的情况下，爸爸妈妈要放开手让孩子去玩，并多带他到公园、郊外去玩，让他与大自然亲密接触，大自然宽广的空间是孩子最好的游乐场。在这里，疯跑的孩子不仅锻炼了身体，还会在不知不觉中拥有一个宽广的胸怀。

给孩子自由还要给孩子自由想象和探索的空间。三岁孩子的脑子里没有条条框框，他们的思维方式也与成人的不一样。比如你三岁的女儿可能会拿着瓷杯问你它会不会摔碎，你明确地告诉她会摔碎，但她还是一松手把瓷杯摔碎了。这时候不要心疼那个杯子而冲孩子吼叫："都告诉你了会摔碎，你怎么还把它摔碎！"此时的孩子只是想证实一下你说的话是不是真的，要知道三岁的孩子还什么都不懂，她需要事实来证明这句话是对是错，你的吼叫可能会吓退她思考的脚步，长大后，她可能不敢提出自己的想法，不敢挑战权威。

三岁的孩子好奇心强，会有很多奇奇怪怪的想法和行为，只要不是危险的事情，爸爸妈妈就不要去干涉孩子，给他足够的自由和空间让他自己去探索，这是培养孩子创造力非常好的方法。

如果孩子在家里能拥有一个属于自己的单独空间那就最好不过了，孩子可以在自己的空间里随便玩，不受爸爸妈妈的监督和干涉。他可以在自己的空间里自娱自乐，也可以天马行空地自由想象，可以做自己想做的小玩意发展动手能力，也可以发泄不满、调整情绪。这样的一个空间可以让孩子学会自我控制，非常有利于培养孩子的独立性。

另外，我们所说的给孩子自由并不是放任不管，给他绝对的自由，但这个自由是有限度的。孩子需要在自由的环境中完善自己的心智，但这个自由是适度的，是订立一定的规矩之后的自由。自由并不是孩子要什么就给什么，也不是孩子想怎么样就怎么样，我们所说的自由是：当孩子需要寻求自我发展时，不阻止他；当孩子探索时，不打断他；当孩子做决定时，给他自己选择的机会；当孩子像一个人待着时，给他独处的空间。

CHAPTER 03

爱、独立和规矩——3岁幼儿的生活能力

3岁幼儿将会给父母带来与小宝宝时与众不同的体验，刚进入3岁的前半年，他们的思维发展进入了巩固、稳定时期，父母看到的幼儿会比较平静、乖巧，但伴随着自我意识的觉醒，他们开始变得叛逆，并不断挑战父母的底线。如果此时父母不稍加约束，依然像对待1岁小宝宝那样对待他们，那么父母最终会因对宝宝的放纵和各种不好性格付出代价。3岁，该是“立规矩”的时候了。

独睡训练

你的孩子是自己睡吗

孩子几岁时让他自己睡、怎样让他适应自己睡都是爸爸妈妈比较关心的问题，有人把让孩子独睡形容成孩子的“第二次断奶”，可见，让孩子独睡可不是件容易的事情。有的孩子十几岁了还和父母一起睡，强制分房睡后竟然患上“分离焦虑症”，七八岁的孩子赖在父母床上也是很常见的事。

但也有的爸爸妈妈在孩子还没满周岁的时候就和孩子分床睡了，到孩子一两岁的时候就和孩子分房睡，孩子不但没患上分离焦虑症，独立意识还特别强。大部分爸爸妈妈选择在孩子三岁之后让孩子独睡，但这个过程却不是那么容易。

三岁的亮亮每次听到妈妈说让他自己睡都会很难过，虽然妈妈不止一次地告诉他让他自己睡是因为他长大了，爸爸妈妈还是很爱他的，但亮亮还是不愿意自己一个人睡。有一次妈妈试图说服他让他去自己的房间睡觉，他委屈地说："妈妈，你在吊灯上给我绑个吊床吧，求求你不要让我一个人去别的房间睡觉。"看着儿子可怜巴巴的眼神，妈妈还是妥协了。

快四岁的妞妞也无法适应自己一个人睡觉，每天晚上她都要妈妈靠在床头搂着她给她讲故事、唱歌，只有在妈妈的怀抱里她才能睡着。可是，如果她半夜醒来看不到妈妈就会跑到妈妈的房里，每次妈妈都要费好大的劲才能把她哄回她的小房间。有时候母女俩实在僵持不下，又是在半夜，看着女儿挂着泪珠的脸，妈妈只好让她跟着自己睡了。

龙龙则属于鬼灵精的那种孩子，他也不愿意离开爸爸妈妈自己睡，可是爸爸妈妈的态度很坚决，不管他怎么哭闹，妈妈都狠下心来把他强行送回他的小房间。不过，精灵古怪的龙龙有自己的办法，他总是自己先安安静静地在自己的房间躺着，等爸爸妈妈都睡熟了他再偷偷溜到他们的房间，轻轻钻进妈妈的被窝去。妈妈发现的时候他已经睡着了，看着熟睡的儿子妈妈也不忍心再把他赶走了。

总而言之，为了能让孩子独睡，爸爸妈妈和孩子可谓是斗智斗勇，不论谁输谁赢，双方都会弄得筋疲力尽。那孩子在几岁时分床睡会比较容易点呢？又有什么方法可以让孩子顺利度过这个时期呢？

孩子几岁独睡最科学

很多爸爸妈妈都很想知道孩子在几岁时让他独睡对他身心发育最好，有的爸爸妈妈觉得越早越好，认为这样有利于孩子独立性的培养，而有的爸爸妈妈则认为让孩子独睡不宜过早，过早会不利于培养孩子的依恋感和安全感。那到底哪种说法正确呢？

近年来，西方的幼儿教育方法不断被引进国内，得到了许多爸爸妈妈的认可。而在西方的家庭教育理念中，培养孩子的独立性被放到了一个非常重要的位置，孩子在六个月以前就要培养他独睡，所以他们会把刚出生的襁褓中的小婴儿放到婴儿床上，这是“同屋不同床”，等孩子长到三岁，爸爸妈妈就会和孩子“分房而睡”，这才是真正意义上的独睡。而且，英国有调查表明，父母和婴儿同睡一张床，极容易引发婴儿猝死。

而中国的爸爸妈妈刚有孩子时，会把孩子放在爸爸妈妈的大床上，让孩子睡在爸爸妈妈的中间，以便于照顾孩子。很多中国爸爸妈妈认为，如果孩子小时候不和爸爸妈妈睡，长大了就不和爸爸妈妈亲，就形不成良好的“亲子依恋关系”，而且，不和爸爸妈妈睡的孩子容易缺乏安全感。

也有的中国教育专家提倡孩子五岁前要和爸爸妈妈一起睡，不一定在一张床上，但必须是距离足够近，当孩子有任何需要时爸爸妈妈能够迅速、及时地满足孩子的要求。这些专家认为，这样比较容易让孩子有安全感，而到了五岁再和爸爸妈妈分开睡，这时培养孩子的独立性也不晚。

但这又会出现一个问题，四五岁的孩子到了男孩恋母，女孩恋父的时期，这个时期的恋父恋母情结比之前单纯的喜欢和父母在一起有所不同，不但会表现得对父母更加依恋，而且具有排他性。这时候再让孩子和父母分开睡会变得非常困难。

而且，三岁的孩子会对父母的关系、两性之间的问题比较敏感，开始有了性别意识，这时候再和父母一起睡就不太合适。再加上三岁是孩子独立意识萌芽和迅速发展的时期，这时候安排孩子独睡，不仅是顺水推舟，比较容易让孩子养成独睡的习惯，而且对于培养孩子心理上的独立感很有好处。

所以，无论是从培养孩子的独立性考虑，还是从培养孩子独睡难易程度上考虑，三岁都是让孩子独睡的最佳年龄。

让孩子独睡，爸爸妈妈一定要“狠下心”

虽说三岁是让孩子独睡的最佳年龄，但由于每个孩子的家庭情况不同，孩子的发育情况也不一样，没有绝对正确的独睡年龄，爸爸妈妈一定要具体情况具体分析。不过，不管是在孩子几岁时让他独睡，有些方法还是一样的。

刚开始就让孩子自己睡一间房，肯定是比较困难的。爸爸妈妈不妨先把他的小床放在你们的房间，这样他就比较容易接受和爸爸妈妈分开睡了。他甚至可以拉着妈妈的手入睡，这会让他很有安全感，感到没有被抛弃。爸爸妈妈在打算让孩子和自己分开睡之前，一定要做好孩子的思想工作。因为孩子一旦听到不让自己和爸爸妈妈一起睡了，直接反应就是“爸爸妈妈不爱我了，他们不要我了”，你要明确地告诉孩子，爸爸妈妈还是非常爱他的，但他已经长大了，长大了就要自己睡。这两点非常重要，当他知道爸爸妈妈还是爱他的，他就会消除内心的恐惧感和被抛弃感，而告诉他他长大了，正好符合三岁孩子“小大人”的心理，当孩子明白了这两点，他就不会那么排斥自己睡了。

分床睡了一段时间后，爸爸妈妈要试着和孩子分房而睡。让孩子喜欢他自己的小房间的最好方法就是让孩子自己动手布置自己的房间，你也可以先带他到已经分房而睡的小朋友家里参观，让他对拥有一个自己的小房间感兴趣。然后带他到商场或超市，让他自己选择他喜欢的床单、被罩、枕头等物品，还可以再让他选择一些图片挂到墙上或者买一个布娃娃回家陪他睡。回家后，让孩子自己动手布置自己的小房间，不等你说，他就会自己提出要来这个房间睡觉。

不要以为这么容易就让缠人的小鬼学会自己睡觉了，在让他独睡的过程中，会出现很多状况，最常发生的就是孩子会很反复。明明已经自己睡了两晚上了，可是第三天晚上孩子又抱着自己的小枕头回到爸爸妈妈的房间，并说什么都不肯回自己屋里睡觉了。这时候的孩子会哭闹、会撒娇、会无理取闹，总之，只要能让自己睡在爸爸妈妈的大床上他什么方法都能使出来。多数爸爸妈妈开始还能冷着脸把孩子送回他的小房间，但反复几次，孩子依旧不肯罢休，爸爸妈妈一方面出于心疼孩子，一方面实在经不起孩子这么折腾，也就对孩子妥协了。

但若想让孩子习惯独睡，爸爸妈妈必须要狠下心，不管孩子怎么哭闹，不管多晚，都要坚持把孩子送回他自己的房间。其实，爸爸妈妈可以利用一些技巧来对付孩子的哭闹。晚上入睡前，要让孩子保持愉悦的心情，做些睡前准备，比如洗漱、讲故事，让孩子知道一做这些事就快该睡觉了。不要做剧烈的运动或让孩子比较兴奋的事情，也不要说让孩子难过的事，比如他今天做错什么事了。爸爸妈妈要注意让孩子自己躺在床上入睡，而不是抱在怀里，等哄着了再放到床上。

另外，不要让孩子的房间离爸爸妈妈的房间太远，这会让孩子心里有距离感，要让两个房间的门都开着，如果孩子有什么事情爸爸妈妈能听到并及时作出反应。这样做还能让孩子感到安全，知道父母没有离开自己，他会感到还是和父母在一个房间里睡觉，只不过不是在一张床上。

如果孩子在自己的房间里哭闹，爸爸妈妈不要立即去安慰他，要在屋外安静地等待几分钟后，才能进去安抚他。安抚的过程中，不要把孩子抱起来，只能轻抚他的肚皮或脊梁，让他能听见你的声音，持续时间不要超过五分钟。

离开后，如果孩子继续哭泣，那就延长等待的时间，如果上次在屋外等了五分钟，这次就等十分钟，重复上次安抚他的动作，再离开。如果孩子还在哭闹，那就等十五分钟再进去安抚他，如此反复，直到孩子睡着。这个过程中，爸爸妈妈一定要狠下心，不心软。

只要爸爸妈妈有一颗坚强的心，能坚持下去，就能让孩子养成独睡的好习惯。

给他明确的规矩线

你给孩子立规矩了吗

俗话说：没有规矩不成方圆。孩子虽然还小，但会一天天长大，需要逐渐社会化，适应社会规范，为了让孩子以后能更好地适应社会，爸爸妈妈就要在孩子小时候给孩子立规矩。

三岁的孩子活动范围比以前进一步扩大，接触的人也比以前多了很多，这就需要他懂得一些基本的社会规范以便能更好地与别人相处。几乎所有的爸爸妈妈都开始在这个时候给孩子立规矩，但立规矩的过程却不那么容易。

立规矩必然会限制孩子的某些行为，这对独立意识正突飞猛进发展的三岁孩子来说是最不能忍受的。我们经常会听到三岁的孩子和爸爸妈妈顶嘴说“不”，你告诉他不玩了的玩具要放回原处，他却和没听见一样，你再说他几次，他就会大声地对你说“不”；你和他说不能到马路上玩，可是他对什么都好奇，会忍不住跑到路边玩一会儿；你告诉他不能和小朋友抢玩具，大家要互相分享，可他却为了一个玩具和小伙伴你抢我夺；你叮嘱他说玩滑梯的时候要排队，可他刚滑下来就跑到队伍的最前面……

总之，爸爸妈妈告诉他的规矩他不是忘记就是故意不遵守，但有时候他也会很主动地遵守爸爸妈妈说过的某条规矩，比如睡觉前要洗漱。可爸爸妈妈千万不要高兴得太早，他不会一直和你合作的，今天睡觉前他很主动地自己去洗漱了，明天可能就说什么都不愿意洗漱完了再睡觉。

三岁的孩子会对爸爸妈妈给他立下的规矩不满，会哭哭啼啼地抱怨，还会哭闹发脾气。如果爸爸妈妈跟他说的规矩不够明确，他还会打“擦边球”，比如你说不许去马路上玩，他就会趁你不注意跑到路边玩，如果你没什么反应，他会继续在那玩，但他不会到马路中间去。

三岁的孩子还会不断去试探爸爸妈妈的底线，如果爸爸妈妈对他的行为一再退让，他就会“得寸进尺”，直到爸爸妈妈忍无可忍，他才会有所收敛。比如你叫他吃饭，他会继续玩手里的玩具，直到你把他抱到餐桌前；然后你让他好好吃饭，但他会坐在椅子上边吃边玩，如果你不生气，他会跑到地上去玩；如果你还不生气，他就会玩到你抱着他喂他吃饭，甚至你喂他的时候他都不好好的。但如果你在某个时候生气了，他就会自己乖乖地回去吃饭。

立规矩让孩子更有安全感

三岁的孩子到了闯祸的年龄，他们渴望独立、好冲动、爱冒险，还有些不知天高地厚，这时候引导孩子服从他应该遵循的行为规矩是爸爸妈妈最重要的一个任务，要让孩子了解自己行动的界线。

孩子的好奇心是没有边界的，他们为了满足自己的好奇心，会不断地去探索，但他们并不知道这个世界上还存在着很多规范，更不知道他们的行为会不会触犯这些规范。所以，爸爸妈妈就要及时地告诉孩子这些规范，给他们立好规矩来限制他们的行为以使他们能更好地适应社会。

爸爸妈妈给孩子立规矩就是为了让孩子能遵守社会规范，能与别人友好相处，但也有爸爸妈妈认为，给孩子立规矩会不会太限制孩子的行为，会使孩子变得谨小慎微，什么都不敢做呢?

其实，爸爸妈妈这样的担心是没必要的。给三岁孩子立的规矩大都是些最基本的行为规范，只要爸爸妈妈的态度正确，就不会给孩子造成负面的影响。相反，当孩子知道了什么能做，什么不能做之后，他内心里会觉得更有安全感，便会更勇敢积极地去探索周围的事物。如果一个人明白了行动的界线和规则，他就会小心地把自己的行为控制在界线和规则以内，不会做出出格和不符合社会道德的事。

孩子需要了解他们周围世界的规则，但他更想知道如果不遵守这些规则的后果是什么，他会在心里小小地盘算一下遵守规则和不遵守规则哪个对自己的影响更大。如果爸爸妈妈只是告诉孩子规则是什么，而不告诉他不遵守规则的后果，那么他很可能会想亲自体验一下，当孩子因为好奇违反了规则时，“不是告诉过你不能这样做吗”之类的训斥真是冤枉孩子了，如果当初你已经明确告诉过他后果，他可能就不会再去尝试了。

如果爸爸妈妈在给孩子立规矩时信息不明确，或者态度不坚决，那这些规矩就很难在孩子身上起到作用。

怎样有效地给孩子立规矩

三岁的孩子不像婴儿那样，爸爸妈妈说什么他就做什么，给孩子立规矩是非常难的事情，需要爸爸妈妈的坚持和耐心。《三字经》里面有句话叫“养不教，父之过”，一个家庭中父亲的角色是谁都无法代替的，父亲代表着思想的世界、科学技术的世界、法律和秩序的世界、阅历和冒险的世界。

在家庭中，父亲对孩子的教育主要是规则教育，因为一般父亲在孩子心中就是权威的代表。在教养孩子的过程中，母亲一般是与孩子进行身体接触和语言交流，父亲则多是通过运动和孩子进行游戏交流。在游戏规则方面，母亲倾向于迁就孩子，而父亲则更注重“立规矩”。我们可以发现，溺爱孩子的多数是母亲，如果父亲在这个家庭中处于从属地位，没有话语权，对母亲溺爱孩子不闻不问，自己也不管教孩子，那这个孩子长大后多数会任性、顽劣、不服管教，做事没有底线，经常会做出格的事情。这就是母亲溺爱孩子，而父亲也没有给孩子立规矩的结果。

孩子天生对父亲有一种敬畏感，他们会观察父亲是怎样面对出言不逊的人，怎样面对挫折、化解危机，然后进行模仿。所以，在给孩子立规矩时，父亲的作用是非常大的，尤其是在母亲溺爱孩子，一再迁就孩子的情况下，父亲说一不二的态度会让孩子明白做事的底线在哪里。而当孩子一旦确定了做某件事的底线时，他就不会再去试探，看父母会不会妥协让步，而是乖乖地遵守这项规矩，不越雷池一步。

但这是在孩子有能力遵守这项规矩的前提下才会出现的情况，因为孩子的发育还没有完善，他们还不能完全控制住自己的行为，爸爸妈妈必须有足够的耐心和毅力一遍又一遍地重复你的规矩。而且，爸爸妈妈要始终如一地教导孩子，不要今天他必须遵守，明天就放宽政策他不遵守也可以，你的反复无常会让孩子摸不着头脑，不知道到底怎样做才是对的。而始终如一的教导就会使他们学会遵守规矩，逐渐将遵守规矩转变成自己内在的自觉性，最终有一天不需要别人提醒他也能自觉地遵守。

在给孩子立规矩的时候，一定要将立规矩的原因及不遵守这项规矩会有什么后果清晰地讲给他听，只用命令的口气告诉孩子“你要怎么样，不能怎么样”是没有用的。命令只会带来反抗，会激起孩子的叛逆心理，让他更想尝试一下违反规则带来的刺激。

在给孩子讲清楚原因和后果后，要用不容置疑的语气重复一遍这条规则，让他感到这件事没有商量的余地。比如小孩子都喜欢在床上或沙发上跳，你可以这样告诉孩子：“不许在沙发上跳，这是为了保证你不会摔下来。”其实，孩子喜欢在沙发上跳是因为到了蹦跳的敏感期，这种运动对孩子是十分有好处的，一味的压制反而不利于孩子的发展，你应该对孩子说：“妈妈知道你很喜欢在沙发上蹦跳的感觉，但不能在沙发上跳，周末妈妈带你去游乐园玩蹦蹦床好吗？”

不要威胁利诱孩子让孩子和你合作，当有一天你不再采取这个手段时，孩子便会不再理睬你。也不要整天唠叨孩子，孩子不仅不会与你合作，还会因此厌烦你，为了保持自己的独立而与你作对。更不要动不动就训斥惩罚孩子，经常性的训斥会让孩子对自己失去信心，三岁的孩子需要反复的锻炼才能熟练地遵守某项规则，爸爸妈妈一定要有耐心；虽然三岁的孩子已经能够承受面壁罚站三分钟了，但为了不让事态更加严重，还是尽早结束惩罚比较好，将孩子的注意力转移到别处。

总之，给孩子明确的规矩线，并给他讲清楚立这项规矩的原因和后果，会减少孩子的反抗和吵闹，能帮助他尽快适应基本的社会规范。

自理能力的培养和锻炼

妈妈，我想自己动手

现在社会上存在这样一种现象，已经上小学的孩子自理能力还非常差，上学前爸爸妈妈要帮忙整理好书包、准备好学习用具、削好铅笔，还要帮他背着书包到学校，甚至还要帮他穿衣服、穿鞋。有时候爸爸妈妈也会忍不住抱怨，孩子什么都不会做，让他自己整理书包，不是忘带课本就是忘带作业本，那孩子自理能力差到底是怪孩子还是怪父母呢?

大多数自理能力差的孩子，其爸爸妈妈对孩子实行的都是包办政策，孩子小时候想自己喝水、吃饭、上厕所时，爸爸妈妈总是认为孩子还小，或者是嫌孩子做不好，而不让孩子做。其实，小孩子对自己独立做事是有非常强烈的愿望的，他们对自己动手做事很有兴趣，但爸爸妈妈的包办政策会让孩子变懒，慢慢习惯衣来伸手饭来张口的生活，等孩子不想动手的时候再想培养孩子自己做事的习惯是非常难的。

现在的家庭大部分是老人照顾孩子，都说隔辈亲，老人见不得孩子受一点委屈。孩子想自己喝水，老人怕烫着孩子；孩子想自己吃饭，老人怕孩子吃不好，弄的到处都是饭菜；孩子想自己穿脱衣服，老人嫌孩子穿得慢；孩子想自己洗漱，老人怕孩子洗不干净……总之，孩子想做什么事情，老人都能想出理由来帮孩子做，这样的包办政策的后果就是养出来一个依赖性强、独立性差的孩子。

孩子自理能力差实在不能把责任推到孩子身上，因为爸爸妈妈忽略了培养孩子自理能力的关键时间段。培养孩子的自理能力是个漫长的过程，从孩子开始表达想自己动手的愿望时，爸爸妈妈就该引导孩子自己做事了，而不是到了某个年龄才觉得该培养孩子的自理能力了。

给孩子喂奶时，他伸着小手抓奶瓶就是想自己抱着奶瓶喝奶了，如果爸爸妈妈觉得他还没有能力自己喝奶，不妨先训练他手部的抓握能力，等他能熟练地抓握东西了就可以让他尝试着自己抱着奶瓶喝奶。孩子在生活中很多时候都会表现出自理意愿，爸爸妈妈要抓住这些敏感期培养孩子的自理能力。

其实，三岁是培养孩子自理能力的一个关键阶段，这个时期的孩子会表达出很强烈的自理意愿，爸爸妈妈要放开手，把孩子自己动手的权力还给孩子，并适时地对他进行协助、引导，就能比较顺利地培养起孩子良好的生活自理能力。

三岁孩子应具备的自理能力

自理能力是指凭自己的能力能够独立完成的事项，对于幼儿来说，自理能力就是指他们的生活自理能力，即孩子在日常生活中照料自己生活的自我服务性劳动的能力，简单地说就是自己能够照顾自己，它是一个人应该具备的最基本的生活技能。

对于三岁的孩子来说，他们的身体发育较好，手脚活动也比较灵巧，已经能够料理自己的一些日常生活，这个阶段的孩子应该能具备以下能力：洗手、洗脸；穿脱衣服鞋袜；进餐饮水；收拾玩具图书；收拾餐具等。这些事情简单易行，符合三岁孩子的年龄特点。但是，不要认为他们具备这种能力就一定能把这些事情做好。这些事情看似简单，可对于三岁的孩子来说，他们会做却不一定能够做好，这是由他们身体各部位的协调状况来决定的。

每个孩子的身体发育状况不同，具备的能力也不一样，爸爸妈妈不要认为别人家孩子能做的事自己的孩子也一定要会。爸爸妈妈要做的就是仔细观察孩子的身体发育程度，根据孩子的身体状况和表现出来的自理意愿，慢慢培养孩子的自理能力，而不要操之过急。

有些爸爸妈妈只注重孩子的智力发展，认为生活自理能力并不重要，觉得不论是吃饭还是穿衣，孩子自己做都不如爸爸妈妈帮他做省事省心，而且自己能够照顾好孩子的饮食起居，只要孩子的智力发展好了就可以。于是，我们经常看到一些孩子很小的时候爸爸妈妈就教他们学认字、学画画、学外语、学算术，更有爸爸妈妈将自己刚三岁的孩子送去各种兴趣培训班，希望孩子将来能成为多才多艺的人。而这些被爸爸妈妈寄予了厚望的孩子通常不会自己吃饭、穿衣、洗漱、上厕所，甚至都不会自己穿鞋，没有一点生活自理能力。

爸爸妈妈总以为孩子的智力发展与自理能力无关，其实，孩子的智力发展应当同时体现在手指的操作、语言的表达和用脑的思考上，动手、动口与动脑三者之间有着息息相关的内在联系。有良好自理能力的孩子必定有一双灵巧的小手，这对促进孩子思维发展、丰富其语汇、增强其自信心有非常积极的作用。所以，培养孩子的自理能力对促进孩子的智力发展非常有用。

边玩边培养孩子的自理能力

一般来说，让孩子自己穿衣、洗漱、吃饭，都比爸爸妈妈替他做要麻烦得多，培养孩子自理能力的过程就是考验爸爸妈妈耐心和毅力的过程。但自理能力是完整人格的重要组成部分，爸爸妈妈要想让孩子身心都能健康发展，一定不要溺爱孩子，放手让孩子去尝试、去学习。

三岁的孩子应该会用勺子吃饭，爸爸妈妈也可以教他使用筷子，如果他还学不会也没关系，让三岁的孩子独立完成刷牙、漱口、洗手、穿衣服、系鞋带、用筷子吃饭等这些任务还是有些难度的，三岁的孩子能自己大小便，但还不会擦屁股。孩子开始做这些事情时，会既费时间又做不好，爸爸妈妈最好不要催促或者帮忙，要给孩子足够的时间来练习，尽量鼓励孩子让他自己做，这样每当他学会一项新本领时，他就会感到特别自信、特别开心。

培养孩子的自理能力最重要的就是给他创设一个独立的自理环境，包括精神环境和物质环境。上面所说的就是给孩子创设一个宽松、愉快的精神环境，鼓励孩子、尊重孩子、信任孩子，让孩子在充满自信的状态下慢慢提升自己的自理能力。经常有意无意地说孩子笨、说孩子什么都做不好，会严重打击孩子的积极性和自信心，使孩子变得畏首畏尾，什么都不敢去尝试。可见，一个良好的精神环境对培养孩子的自理能力是多么重要。

其次，还要给孩子创造一个良好的物质环境，给他留出时间和空间，让他自己去动手打理好自己的事情。三岁是让孩子独睡的最佳年龄，每天起床后让孩子学着自己整理好自己的小床和房间，这不仅能锻炼孩子的自理能力，还能让他更加热爱自己的房间，有利于让孩子养成独睡的好习惯。给他准备一套不怕摔的餐具，让他练习自己独立进餐，再给他准备一个玩具柜，让他把自己的玩具都放到玩具柜里，而且每次玩完后，也要把玩具放回原来的位置。

三岁的孩子可能刚开始时喜欢自己做某件事情，在尝试了几次又不断失败后就不愿意再自己费力去做了，而是寻求爸爸妈妈的帮助。也有的孩子已经学会了自己洗脸或者刷牙，但他有时候就是不愿意自己做，非让爸爸妈妈替他做。遇到这些情况时，爸爸妈妈不要着急，也不要训斥孩子，而是及时地鼓励他，耐心地教他怎样做，培养孩子的自理能力本身就是一个不断反复的艰难过程，爸爸妈妈一定要坚持下去。

其实，在培养孩子的自理能力时，爸爸妈妈可以把这件事情怎么做编成儿歌教给孩子，比如教孩子刷牙，爸爸妈妈边给孩子示范，边说“小牙刷，手中拿，我呀张开小嘴巴，刷左面，刷右面，上下里外都刷刷……”，用这种儿歌的方式教给孩子正确的刷牙方式，孩子不仅喜欢听，还想自己动手尝试。

三岁的孩子模仿能力很强，他喜欢学大人的样子说话做事。爸爸妈妈可以利用孩子的这一特点让他帮忙做事，尽管孩子还做不好，甚至会“帮倒忙”，但不要再责怪他，要给他“做事”的信心，让他这一兴趣持续下去，孩子坚持不懈的努力会锻炼他的能力。“过家家”是三岁孩子非常喜欢的游戏。他们会扮演爸爸、妈妈、宝宝、医生、护士等各种角色，给布娃娃梳头、擦脸、穿脱衣服，喂布娃娃，还会把爸爸妈妈交给他们的东西再教给布娃娃，他们重复这些动作时就是不知不觉在锻炼自己，提升自己的自理能力。

还有就是现在的家庭大多都有老人照顾孩子，就算是父母很用心来培养孩子的自理能力，老人也会找出各种理由来帮替孩子做事。所以，家里人的意见要取得一致才行，说什么事情让孩子自己做，剩下的人谁都不要帮孩子，让孩子养成自己的事情自己做的好习惯。

了解必要的卫生和健康知识

做个干净的小孩

清洁卫生直接关系孩子的身体健康，而幼儿期又是习惯养成的重要时期，在幼儿期培养孩子的卫生习惯能取到事半功倍的效果，爸爸妈妈普遍都很注重孩子的卫生问题，但孩子自己可不那么在意。

三岁的孩子接触外界的机会比婴儿期时增加了不少，他们已经能够自如地行走，好奇心又强，对什么都感兴趣，喜欢用手摸一摸、拍一拍、滚一滚、推一推、捏一捏、揉一揉，小手上沾满了灰尘与污垢，他也不嫌脏，玩得不亦乐乎。出门在外，他也不管是去干什么，不管大人是不是着急赶路，看到地上的小树枝、小纸片、包装袋都要捡起来看看，玩沙、玩水是他们最喜欢的活动。爸爸妈妈总是得随时随地清洁他们脏兮兮的小手，因为他们可不管自己的手是不是干净，玩累了不洗手就去拿东西吃，眼睛不舒服了就直接拿小脏手反复揉眼睛。

虽然爸爸妈妈无数次告诉孩子饭前便后要洗手，但他们总是上完厕所就跑去玩，听到要吃饭了就兴高采烈地跑到饭桌前，根本就不记得饭前便后要洗手。三岁的孩子喜欢玩水，却不喜欢洗脸、洗手，更不喜欢爸爸妈妈一本正经地给他洗头发、洗澡，他永远都不会嫌自己脏的。

除了不爱讲卫生，孩子不好好吃饭、挑食、偏食也是爸爸妈妈很头疼的问题。三岁的孩子正处于身体发育的旺盛期，需要全面的营养供给才能保证身体成长的需求。虽然三岁的孩子已经能和大人吃同样的食物，但饭桌上的他们却很少好好吃饭，要不就是只吃几样饭菜，挑食、偏食现象很严重。再加上各式各样零食的诱惑，孩子无法抗拒那些重口味的食物，而对蔬菜、水果这些清淡有营养的食物则毫无兴趣。长期下去就会导致孩子营养不良，不能健康成长。

让孩子了解基本的卫生和健康知识

很多爸爸妈妈都认为给三岁的孩子讲那些知识性的东西他根本就听不懂，听不懂就更不会去做。于是，我们只听到爸爸妈妈一次又一次不厌其烦地和孩子说“去完厕所要洗手，吃饭之前要洗手，出去玩回来要洗手”“要多吃蔬菜和水果，不能挑食，不许吃零食”这些命令式的话语，却很少有爸爸妈妈给孩子解释为什么要这么做。那给孩子解释这些知识他到底能不能听懂呢?

三岁的孩子好奇心强，在他大部分的清醒时间里都在询问他身边发生的各种事情，他对什么事情都喜欢刨根问底，喜欢问“为什么我必须要那么做”，而爸爸妈妈给出的答案对他来说十分重要。爸爸妈妈在孩子的眼里就是权威，但他现在不会再盲目听从爸爸妈妈的话，他开始有了独立意识和思考能力，他需要知道为什么。所以，爸爸妈妈此时给他切题的答案很重要，比如告诉他这件事情这么做对他有好处或者不会使他受伤，并要做必要的解释，不必太详细，但一定要形象生动，因为三岁的孩子正处于形象思维阶段，教条式地给他灌输知识是起不到作用的。虽然孩子对你给出的解释还是似懂非懂，但他能够接受，不会再对你提出的建议进行强烈反抗，而是积极愉快地与你合作。

孩子的吃饭可是关系他能否健康成长的大问题，爸爸妈妈非常重视孩子的吃饭问题，但孩子却不那么给爸爸妈妈面子，不爱吃饭、不好好吃饭，爸爸妈妈哄着喂、追着喂，尽量做他爱吃的饭菜，可谓是费尽心机，最后孩子还是只吃一点点。虽然爸爸妈妈每餐都在给孩子变换花样做菜吃，但却很少给孩子讲这些蔬菜、水果里面到底含有什么营养，只是告诉孩子吃这些对你身体健康成长有好处，可孩子才不管这些，他不喜欢吃还是不吃。

三岁的孩子还不能从两个方面考虑问题，也不能解决同时需要他考虑多种因素的问题，但他已经能够从一个观点来思考问题了。你告诉他猕猴桃中不仅含有丰富的维生素C，还含有膳食纤维能帮助他消化，还能带走他身体里堆积的有害代谢物，能让他的身体长得更棒，这样的解释三岁的孩子是能够接受的，虽然他还不是很懂你说的那些，但他会相信你说的话并很乐于吃你拿给他的猕猴桃。

知识让孩子更听话

孩子的模仿能力强，非常喜欢模仿大人的行为，容易受到外界的刺激和影响。有时候爸爸妈妈千叮咛万嘱咐的事情他记不住，反而没说过的事情他不知道怎么学会了，其实，孩子学会的都是爸爸妈妈平时经常做的事情，这是孩子观察和模仿的结果。所以，要想让孩子养成讲卫生、爱清洁的习惯，爸爸妈妈还得从自身做起，给孩子树立一个榜样。

那三岁的孩子到底要养成哪些讲卫生、爱清洁的习惯呢？首先要养成每天早晚洗脸、饭前便后洗手、手弄脏后随时清洗的习惯；其次要养成勤洗澡、勤洗头、勤剪指甲的习惯，以保证身体、脸部、手部的清洁；三岁的孩子还要养成早晚刷牙的习惯，以保证口腔的清洁及牙齿的健康，如果孩子吃糖比较多，一定要让孩子每次吃完糖后刷牙，清理掉粘在牙缝里的糖，以免糖分长时间附着在牙齿上形成龃齿；教给孩子不要用手擦眼、挖耳，要用清洁手帕擦鼻涕，咳嗽和打喷嚏时用手帕掩口鼻；还要经常给孩子换衣服，保持衣物清洁，每晚睡前要给孩子洗脚和臀部。当然，这些习惯孩子自己还做不到，需要在爸爸妈妈的帮助下慢慢培养。

当然，爸爸妈妈在培养孩子养成这些习惯时孩子并不会那么配合，有时候甚至会反抗、拒绝，比如简单的洗手洗脸，每天早晚给孩子洗脸就像在打一场既费脑力又费体力的战争，一边是爸爸妈妈的威胁利诱，一边是孩子的大哭大闹，“我不洗脸，就不洗脸”，每次都弄得爸爸妈妈和孩子筋疲力尽。

制止孩子的哭闹、反抗，威胁利诱并不是最好的方法，爸爸妈妈不妨在平时就多给孩子讲讲卫生方面的常识，让他知道洗手洗脸是为了保证细菌不侵害他的身体，让他能健健康康地成长。如果有条件的话可以带孩子去观察一下显微镜下他弄脏的小手上有多少细菌，然后再看一下洗干净手后还有多少细菌，这样能更直接、更形象地让他了解什么是细菌。没有条件也不要紧，爸爸妈妈可以用放大镜代替显微镜，也可以上网查一些细菌的资料图片给孩子看，还可以买一些有关健康小知识的书籍和孩子一块阅读，这类书籍普遍以图画为主、文字解释为辅，孩子能够较轻松地理解书中的意思，现在很多少儿节目包括许多幼儿喜爱的动画片都有关于幼儿要讲卫生的内容。爸爸妈妈要充分利用这些资源来帮孩子树立讲卫生的意识，当孩子头脑中有了这样的意识后，他再不洗脸洗手时你告诉他不讲卫生会生病、发烧、肚子疼，他就会乖乖地去洗手了。

同样，这个方法对解决孩子挑食、偏食问题也很有效。要想让孩子不偏食、挑食，爸爸妈妈首先要管住自己的嘴，不要在孩子面前说“这个菜好吃，那个菜不好吃”之类的话，孩子将爸爸妈妈的话当做权威，在听到爸爸妈妈尤其是平时和他最亲的爸爸妈妈说这些话后，他的潜意识里也就认为那些菜不好吃，于是他就会拒绝吃那些你说难吃的菜。

在日常生活中，要多给孩子讲讲蔬菜和水果中含有哪些营养成分，哪些对他的身体发育有好处，哪些东西吃多了会让他不舒服甚至生病。比如做饭时可以让孩子到厨房去帮你的忙，边择菜边告诉他这顿饭要做什么，需要什么原料，这些蔬菜都含有什么养分，让他对你要做的饭菜产生兴趣，如果正好他这几天得了口腔溃疡，而你要炒绿豆芽，你就可以告诉他绿豆芽里面含有一种叫做核黄素的成分，吃了能让他的口腔溃疡快点好。这样等到吃饭的时候，不用你说，孩子就会自己要吃平时不喜欢吃的绿豆芽了。

还可以在孩子生病的时候告诉他吃什么病会好得快，以为这些蔬菜和水果里面含有的养分能杀死让他生病的病毒。把蔬菜水果含有的营养成分告诉他，让他清楚地知道这些东西能让他健康成长，这样孩子自己就会杜绝偏食、挑食了。

学习安全知识

“小心，宝贝”

孩子不断长大，活动能力不断增强，接触范围也不断扩大，这就让爸爸妈妈更加操心，尤其是三岁的孩子，他们已经能随心所欲地去自己想去的地方，但又没有任何自我保护的能力，爸爸妈妈就必须时刻看紧孩子，防止他们出什么意外。

三岁的孩子不知道什么是危险，在他们眼里这个世界充满了新鲜，他们对什么都好奇，什么都想去探索，常常会把自己置于很危险的境地中。爸爸妈妈为了保证孩子的安全，通常会把刀、剪、玻璃杯、瓷器等危险品放在较高的孩子够不到的地方，但三岁的孩子不会因为够不到这些东西就放弃，为了满足自己的好奇心，他们会爬到沙发或者凳子上去拿想要的东西，这样他们就很容易摔下来或者是拿到刀、剪后胡乱模仿大人的动作使自己受伤。所以，爸爸妈妈不要以为孩子在家玩就是安全的，你稍不留神孩子就会爬上窗台或把那些危险的物品翻出来当玩具。

在家要随时注意孩子的安全，出门去玩更要时时刻刻看着孩子，三岁的孩子一般都不喜欢让大人拉着他走，过马路时也不会注意车辆，更不会看红绿灯，如果爸爸妈妈没有看住孩子就很可能会出意外。

游乐场是孩子最喜欢的地方，在这里爸爸妈妈是不是就可以放心地让孩子自己去玩呢？当然不是，除了游乐设施自身可能会存在不安全的因素外，众多孩子在一起玩时难免会磕磕碰碰，而且小孩子下手不知轻重，也不知道如何保护自己，他们很容易伤人和被伤害，这一点爸爸妈妈也要特别注意。

除了这些不安全的因素外，爸爸妈妈最担心的莫过于孩子会被人拐骗，三岁的孩子开始喜欢和别人交往，但他们还不具备分辨是非的能力。面对小区或游乐场里陌生但热心的阿姨的问话和零食，你的孩子是怎么办的呢？在没有爸爸妈妈在场的情况下，你的孩子会和陌生人交谈吗？如果有除了家人之外的人去幼儿园接你的孩子，孩子会和那个人走吗？

对于生活在钢筋水泥之中的我们来说，孩子的安全问题成了一大难题，有时能听到谁家的孩子磕着了、哪家的孩子被人拐走了之类的消息。虽然爸爸妈妈时时在提醒孩子小心点，但这解决不了根本问题，关键是让孩子学习安全知识，增强自我保护意识。

三岁的孩子能记住什么

三岁的幼儿处于语言敏感期、动作敏感期、对细微事物感兴趣的敏感期、社会规范敏感期等敏感期当中，他们的语言能力大大增强，能够比较清楚地表达自己的想法；肢体协调能力也越来越好，能自由自在地走路，拐弯时也不会再摔倒；他们还会对某一个事物很感兴趣，摆弄很长时间也不会厌烦；他们能具体分析通过感官得到的事物……

这一切都让三岁的孩子潜意识里对自己的能力很有信心，这种信心促使他们向更广阔的领域去“扩张”，而在“扩张”的过程中，他们意识不到的危险也会随之而来。爸爸妈妈的看护和提醒必不可少，但爸爸妈妈没法做到每分每秒都看着孩子，所以，让孩子学点安全知识，让人们学会自我保护才是最重要的。

很多爸爸妈妈会有疑问，教给三岁的孩子安全知识，他能听懂吗？千万不要低估了幼儿的能力，他想要某个玩具哭闹了几次你都没理他，下次他就不会再使用哭闹这个办法了。相同的，你告诉孩子不要拿装着热水的玻璃杯，否则会被烫到，第一次他没听话，烫到了，第二次他没听话又被烫到了，那么第三次，他肯定不会再去拿那个装着热水的玻璃杯了。一些情况下，你告诉孩子怎么保护自己不受伤的同时，还可以让他适度地尝试一下受伤的滋味，这样能比较容易让他理解你说的话。

在室外活动时，告诉孩子不要在小区的马路中间玩，不要在横穿马路时猛跑，看到有车辆过来时，要迅速跑到马路边上；在游乐场玩耍时，要告诉孩子不要从滑梯上跳下来，不要在双杠上随便放手，不要到处乱爬等，虽然孩子在玩耍时可能会忘记这些，但爸爸妈妈不断地给他灌输这些安全意识，慢慢地就会变成他潜意识里的东西，他会不自觉地记住并开始应用。

在孩子学会说话时，就要告诉他家庭地址、爸爸妈妈的姓名、自己叫什么，再大一点，最好能让孩子知道爸爸妈妈的电话和单位，不要觉得麻烦，三岁的孩子是完全可以记住这些内容的，万一哪天孩子走失了，他还能求助别人把他送回家或者给家人打电话。

三岁孩子的学习能力和模仿能力非常强，你会发现他能说出你前几天说过的话，而且不是你特意教给他的。所以，给孩子讲述安全知识，孩子虽然不能重复出来，但他能记住，只要爸爸妈妈有耐心，就一定能教出一个有自我保护意识的孩子。

安全，孩子健康成长必不可少的保障

对三岁孩子的安全教育主要涉及居家安全、户外安全、幼儿园安全等几个方面，给孩子提供一个安全的环境让孩子自由玩耍是爸爸妈妈应该做的事情，但总有些爸爸妈妈意想不到的事情会发生，所以，教给孩子学会自我保护就变得非常必要了。那在教给三岁的孩子学习安全知识时，爸爸妈妈该注意些什么呢？

家相对来说是比较安全的地方，但再安全的地方还会存在安全隐患。爸爸妈妈要把刀、剪、毛衣针等尖锐锋利的物品，还有易碎品放在孩子够不到或拿不出来的地方，如果你想放在高处，那一定要确认这个高度是孩子借助椅子、沙发等工具也够不到的，因为三岁的孩子已经会想办法拿到自己想要的东西了。孩子可能会对这些东西非常感兴趣，你可以将为什么不给他玩的原因告诉他，让他知道这些都是危险品，他还太小，稍不小心就会弄伤自己。

电源插座也是爸爸妈妈需要注意的东西，一般三岁的小孩都会对插座感兴趣，他们非常想知道那一个一个的小黑洞里面藏着什么。爸爸妈妈要把正在使用的插座放在家具后面或孩子够不到的地方，然后准备一个不用的插座，拿着它给孩子讲讲有关电的知识，不要怕孩子听不懂，其实你用浅显的语言讲给他听之后，他会明白玩插座是会伤害到自己的，而且当他的好奇心消除之后，他就不会再对插座感兴趣了。

爸爸妈妈还要注意不要在窗台下放桌子、椅子等东西，孩子会借助这些物品爬到窗台上去的，结果会非常危险。

出门之后安全隐患会更多，三岁的孩子正是开始不安分的时候，喜欢登高爬低，走路也专找那些坑坑洼洼的地方走，没有坑洼的地方就在马路边走，让人很是担心他们的安全。其实，孩子喜欢在路边或难走的地方走是因为他们的敏感期到了，爸爸妈妈不用一味地去阻止，可以拉紧孩子的手让孩子按照他自己的意愿随便走，等这个敏感期过去了孩子就不会再这样了。

三岁的孩子外出的机会很多，加强孩子的安全教育变得刻不容缓。爸爸妈妈要告诉孩子行走的规则，告诉他在路上不是在家里想怎么走就怎么走，要像大家那样遵守交通规则。人行道、车行道、红绿灯等交通标志都要告诉他，爸爸妈妈可以买本类似于《你认识这些标志吗：交通类》的书籍，这些书内的图案大都很清晰，里面的交通标志图案和现实生活中的一模一样。拿这样的书给孩子讲交通规则和交通标志，时间长了孩子自然就能记住，平时在走路时不断提醒孩子看这些标志，用不了多久他就会自己看这些标志走路了。

孩子在游乐场玩耍爸爸妈妈的监督必不可少，但这些只完成安全保障的一部分，游乐设施本身是否安全需要爸爸妈妈去亲自检验一下，除了这两项外，孩子们懂得玩耍时的安全规则、懂得如何保护自己不受伤害才是最重要的。攀登梯、滑梯、秋千、跷跷板是孩子最爱玩的几项游乐设施，一般情况下同时玩的小朋友会很多，爸爸妈妈一定要告诉孩子玩的时候不能推别人，不能打闹，也不能插队。除了这些安全规则，爸爸妈妈要注意孩子玩耍时穿的衣服不能有细绳或其他类似的装饰，也不要让孩子背着自己的小背包、戴着项链去玩，因为细绳、背包带、项链等物品可能会挂在器械上，导致危险。告诉孩子，如果自己身上有这些东西一定要取下来再去玩。

怎样让孩子拒绝热心过度的陌生人？如今幼儿被拐骗的事情时有发生，爸爸妈妈在提高警惕的同时必须让孩子自己也提高警惕。告诉孩子只有在家人在他身边时他才可以和陌生的小朋友玩，如果有人问他家住在哪里、父母做什么工作、在哪上幼儿园等问题要礼貌地笑笑，然后迅速跑开去找自己的父母，家人不在时不要吃其他人给的零食；让孩子切记幼儿园放学了一定要等家人来接，家人还没来时不要离开老师，不要一个人到处跑，更不要和陌生人说话，拒绝不管是认识的人还是陌生人说要送你回家的好意。

一个安全的环境是孩子健康成长必不可少的保障，但孩子成长也需要自己的独立空间，如果爸爸妈妈为了保证孩子的安全就形影不离地陪着孩子，会让孩子产生强烈的依赖感，离不开爸爸妈妈，无法形成独立自主的意识。所以，让孩子学习安全知识，学会自我保护，对培养孩子的独立意识也非常有帮助。

CHAPTER 04

道德感萌芽——3岁幼儿的品格引导

对3岁的幼儿来说，或许他们还不明白道德是什么，也无法理解道德的标准，但在他们小小的心灵里，确实已经播下了道德的种子。3岁幼儿在考虑某些事情时，不再一味地以自己的需要为中心了，而是能够体察周围人们的情绪，并显然能够确切地分开什么是好的，什么是坏的，这将是为幼儿构建积极情感的最好时期。

帮助别人——3岁幼儿友爱感的培养

“我帮你”

孩子越长越大，也越来越不让人省心，爸爸妈妈时不时会抱怨三岁的孩子怎么会这么调皮。不过，爸爸妈妈也会发现三岁的孩子有时候很会讨人欢心。他可能会在你择菜时跑到你身边，拿起菜像模像样地说“妈妈，我帮你择菜”；他可能会在你做饭热得满头大汗时跑过来对你说“妈妈，我帮你擦擦汗”，可能你那会儿正忙，但孩子的心意会让你觉得很幸福；他还可能会在你倒水时要帮你去拿杯子，在你打扫卫生时要帮你扫地、擦桌子，在你累时要给你捶捶背……

你会发现，这个烦人的小孩也会关心人、帮助人了，他不仅会帮助自己的家人，还会帮助和他一起玩的小朋友。在小区里和别人玩时，看到小伙伴的小车子倒了，他会过去扶一把；看到小伙伴的汽车跑远了，他会帮忙捡回来；看到小伙伴摔倒了，他会过去把小伙伴拉起来；看到有小伙伴哭了，他还会走过去安慰人家……

爸爸妈妈还会从幼儿园老师那里听到表扬自己家孩子的话语，说他在幼儿园主动和别人分享玩具，帮助刚入园的小朋友熟悉环境，自己学会了某项游戏会主动去教给别的小朋友怎么玩，还会帮别的小朋友穿衣服……虽然不是每件事情都能做好，但他非常乐于去帮助别人，尤其喜欢帮助比他小的小朋友，看到有人被欺负了，他还会"见义勇为"，听着老师的讲述，你可能简直不敢相信这是当初那个每天哭闹不去幼儿园的孩子。

乐于助人是现在社会最提倡的行为，尤其是在经历了"老人摔倒没人扶""两岁小女孩被车碾压，多名路人无视走过"等事件后，社会各界都在大力提倡"拒绝冷漠、传递温暖"的行动。其实，人类道德感的培养最重要的阶段是人生的最初四年，道德培养要从小抓起。

培养孩子友爱感，"身教"重于"言传"

团结友爱、乐于助人是中华民族的传统美德，要想让这项美德流传千古，就需要我们每代人的继承和发扬，而下一代人的继承就需要上一代人来培养，那孩子在多大的时候培养他这一品德最合适呢？

俗话说"三岁看大，七岁知老"，幼儿期是培养孩子形成良好道德品质的关键时期，爸爸妈妈千万不可忽视孩子的道德培养，只忙着给孩子填充知识只能培养出一个高分低能的孩子，不会培养出德智体美劳全面发展的人才。但有的爸爸妈妈却很纳闷，自己也经常教育孩子和小朋友玩时要互帮互助、团结友爱，不能欺负别人，但嘴皮子都磨破了，孩子却一句也没听进去，依旧我行我素，为什么会这样呢?

俗话说教育要“言传身教”，所谓“言传”就是要爸爸妈妈告诉孩子怎样做，而“身教”就是要爸爸妈妈身体力行地给孩子做出榜样。对三岁的孩子来说，他们的思维还处于形象思维阶段，主要是通过感官的直观择取事物，以直观形象的形式来认识外界，他们还不善于利用语言本身所赋予的意义进行分析和调节自己的行为。所以，“言传”对于三岁的孩子来说是没有多大作用的，他们对爸爸妈妈的叮嘱和批评常常会无动于衷。

培养三岁孩子的道德感最有效的方式就是“身教”，幼儿学习的最主要方式就是模仿，他们可能对爸爸妈妈的叮咛无动于衷，但对爸爸妈妈的动作、表情却学得很快，记得很牢。爸爸妈妈的一举一动、一笑一颦都像一张张生动形象的图谱一样演示在孩子面前，孩子从中模仿爸爸妈妈待人接物的方式，逐渐形成自己的是非标准、善恶观念。

三岁的孩子对事物好坏的辨别能力还比较差，他只会模仿大人，如果爸爸妈妈在各方面的表现是良好的、适当的，孩子耳濡目染、潜移默化就会受到良好的家庭教育，形成良好的道德情感。相反，如果爸爸妈妈只是告诉孩子正确的行为方式，而自己在日常生活中的行为却与告诉孩子的标准相去甚远，那么就无法培养起孩子良好的道德情感。

“三步”培养幼儿友爱感

培养幼儿友爱感是培养其他高级情感的基础，只有幼儿对周围的人和事具有了友爱的情感，在将来他才会爱集体、爱祖国、爱人民，那该怎样有效地培养幼儿的友爱感呢？只需“三步”，爸爸妈妈就可以让友爱感变成孩子道德情感的一部分了。

第一步，先让孩子具备初步的友爱意识。

可能有的爸爸妈妈会有疑问，上面不是说幼儿对语言缺少理解和接受吗，不用语言告诉孩子他又怎么会有这种意识呢？不用担心，让幼儿具备友爱意识并不一定只有“用言语告诉他”这一个方法，还可以采用讲故事、唱儿歌、看动画片、阅读连环画等方式。幼儿虽然对枯燥的语言没有兴趣，但如果给这些语言配上音乐、或用丰富的语调将这些语言编成故事，幼儿就会十分乐意倾听。

爸爸妈妈可以通过这几种方式向孩子提供一些在生活中经常遇到而又感到困惑的道德情境，引导孩子进行思考，然后再与他讨论，问他如果遇到了那样的事情他会怎么办，让他慢慢学会从不同角度思考问题、解决问题，了解别人的感受，让他知道关心人是做人应有的情感和态度，一个懂得关心人的小朋友会有很多人喜欢和他玩。这样就能不断增强孩子团结友爱的思想意识，从而萌发出关心别人、帮助别人的情感和愿望。

第二步，诱导幼儿友爱，教给他友爱的正确方式。

当孩子学会了某项技能时，他会非常急于去尝试，同样，当孩子脑子里有了友爱的意识后，在看到别人需要帮忙时，他就会急着去帮助别人，这时候是教给幼儿正确的友爱方式的最好时机。

如果孩子没有太多的机会接触外界，爸爸妈妈不妨在家里和孩子进行情景表演。比如妈妈扮演一个老奶奶在过马路时不小心摔倒了，让孩子主动上去扶起老奶奶；爸爸扮演他们幼儿园还不会穿衣服的小朋友，让孩子去帮助小朋友穿衣服；妈妈扮演哭闹的小朋友，让孩子去安慰小朋友，陪小朋友玩……

孩子还小，可能有了帮助别人的愿望却不知道该怎样去帮助别人，现实生活中有很多孩子做了费力不讨好的事。比如欣欣去牛牛家里玩，欣欣拿着一袋饼干想吃，却撕不开包装袋，这时候牛牛想帮欣欣撕开，但没和她说，而是直接一把把饼干夺了过去，这时候欣欣以为牛牛抢她的饼干，于是两个孩子就开始争吵起来。这就是因为孩子没有掌握正确帮助别人的方式，如果牛牛提前说一句“我来帮你撕开”，欣欣就不会误会他了。

所以，爸爸妈妈在教孩子友爱的行为方式时，要结合实例，就事论事，用提问引导孩子去充分考虑不同的做法可能会带来的不同后果，然后相互比较，从中选择最佳的方法。还要让幼儿掌握一些基本的礼貌用语，比如在想帮助别人时说一声“我来帮你好吗”，这样就能避免一些鲁莽的行为所产生的误会，鼓励孩子独立解决与同伴之间发生的问题，培养孩子和小朋友愉快地相处、交往、合作的能力。

当孩子一旦做出正确的友爱行为时，爸爸妈妈要及时鼓励孩子、表扬孩子，爸爸妈妈的肯定是孩子继续做下去的最大动力。

第三步，为幼儿树立良好的榜样。

榜样的作用是无穷的，前面已经说过，幼儿学习的主要方式是模仿，而爸爸妈妈作为幼儿心中的权威人物，其形象对孩子来说较之其他成人的形象更加贴切，孩子更加信服。在孩子的心里，爸爸妈妈就是世界上最聪明、最能干、最厉害的人物，每个孩子都希望自己长大后成为像爸爸妈妈那样的人，爸爸妈妈在孩子的幼儿阶段最富有影响力和塑造力，所以，爸爸妈妈一定要约束自己的行为，随时随地给孩子做一个好的榜样。

三岁是培养幼儿对周围承认和对同龄者的友爱感，使之逐步形成文明行为习惯和初步是非观念的关键时期，爸爸妈妈一定要抓住这个有利时机培养孩子良好的道德观念。

有一说一——3岁幼儿的原则性培养

教养孩子，你坚持原则了吗

在教养孩子的过程中，爸爸妈妈都希望孩子能快乐健康地成长，谁也不愿意每天都听到孩子的哭声，所以，每当孩子不停哭闹的时候，爸爸妈妈多半会顺了孩子的心意。让我们来看一下，下面这些情况是不是也经常在你家上演呢?

本来和孩子说好让他看20分钟电视就去洗漱，然后再给他讲两个故事就睡觉。结果20分钟后，孩子还在津津有味地看《天线宝宝》，你一再提醒他该去洗漱了，但他就是不动，你要强行把他抱走，他就开始跟你讨价还价："妈妈，我再看5分钟，好不好？"于是你妥协了，5 分钟后他又要求再看5分钟，拗不过孩子的你又妥协了。好不容易让他洗漱完，你也给他讲完了两个故事，但他要求你再给他讲一个故事，要不就不睡觉，你不同意，他就开始又哭又闹。听着孩子哭，你又心疼他，最后你还是答应了他的要求。

周末带孩子去逛街，出门之前你和孩子说好今天不买玩具，只买衣服，要是他非要买玩具那就不能买衣服了。等到了商场，孩子看着各式各样的玩具爱不释手，在玩具柜前赖着不走，非让你给他买了那辆价格不菲的玩具枪，你和他说买了玩具就不能买衣服，他点头答应。可是在看到漂亮的童装时，他又心动了，拉着你的衣角不让你走，一心想把那身衣服买回家。你和他说已经买了玩具就不能再买衣服，但他摆出一副不达目的誓不罢休的架势，哭没用了就在地上打滚，引得众人纷纷侧目，为了化解尴尬，你赶紧掏钱买下衣服，拉着孩子离开。

孩子玩时总是把自己的玩具丢得屋子里哪都是，你每次都对他说不玩了要把玩具收好，可孩子每次都像没听见一样，于是你一边骂孩子一边动手收玩具。孩子忙着玩不吃饭，你说："你现在不乖乖吃饭，等会儿饿了不理你，没有东西给你吃。"可只要孩子一喊饿，你就立刻给他张罗吃喝……

当自己的某个愿望没有被满足时，大部分孩子都会使出"又哭又闹"的本领，而绝大部分爸爸妈妈教育孩子没有原则的坚定性，经不起孩子的哭闹，经常向孩子妥协。时间长了，孩子就能从中获得以哭闹来"要挟"成人就能够"胜利"的经验，就会知道哭是"万能钥匙"，只要自己使劲哭，不管什么要求爸爸妈妈都会答应的。其实换位想想，如果你是孩子，爸爸妈妈如此没有原则底线的话你会去遵守吗?

培养孩子的原则性要靠谁

我们都知道，培养孩子的好习惯越早越好，因为一旦恶习养成了就很难再改正。同样，培养孩子的原则性也是越早越好，三岁的孩子已经能克制自己的某些情感了，如果爸爸妈妈的教育方法得当，培养孩子的原则性并不是一件难事。

培养孩子的原则性，爸爸妈妈首先要坚持原则，给孩子潜移默化的影响。爸爸妈妈要明白，爱孩子并不是要对孩子百依百顺，有求必应。如果孩子长期处于有求必应的成长环境中，一旦哪一次的愿望没有得到满足，就会引起他们心理上的极大不适应，容易造成情感冲动和行为失控，日久天长，孩子就会越来越任性。

也有很多爸爸妈妈想培养孩子的原则性，给他定各种规矩，但往往受不了孩子的眼泪和求饶，最终还是不断让步，向孩子妥协。爸爸妈妈必须明白，管教孩子可以不打不骂，可以用民主方式来对待，但一定要有“原则底限”，一定要让孩子清楚明白这件事必须要这么做，没有商量的余地。

其实，孩子的哭闹、耍赖都是在不断试探爸爸妈妈的底线到底在哪里。因为在孩子的眼里，这个世界是没有任何规则的，而当他三岁以后，活动范围不断扩大，接触的事情越来越多，他开始意识到做什么事情都是要遵守某项规则的，而这个规则的界限在哪里他不知道，所以，他就开始不断摸索和试探。如果爸爸妈妈能清楚并坚定地告诉他做事的原则，他就会停止试探，并乖乖地遵守；但如果爸爸妈妈说话做事不能坚定地遵守这些原则，孩子就会觉得他还没有探索到最终的界限，还会不断地试探，如果爸爸妈妈一直对孩子妥协，那孩子就会以为这个世界上是没有什么原则的，自己可以随心所欲做任何事，这样的孩子长大后多半会做出违背常理的事，甚至可能会犯罪。

所以，从小培养孩子的原则性是十分必要的，爸爸妈妈一定要受得了孩子的眼泪，坚持做事的原则和底线。

爸爸妈妈除了自己要坚持原则外，还要让孩子懂得他自己要学会克制，学会等待。心理学家研究表明，三岁的幼儿已经有了一定的承受力，是能够克制自己的某些情感的，有些事情他可以克制自己不要去做。所以，当孩子再没完没了地和你提要求时，你要告诉孩子他自己有能力克制自己想买这个玩具的欲望，让他自己再想想是不是非要买这个玩具不可。

坚持原则不妥协

我们一直在说要培养孩子的原则性，那我们到底要培养三岁的孩子遵守哪些原则呢?

培养孩子的原则性，爸爸妈妈首先要遵守这条原则：弄清楚什么时候要尊重孩子，什么时候要和孩子商量，什么时候说“不”。

尊重孩子就是要给孩子充分的爱和自由，让他根据自己的天性自由自在地玩耍。比如雨后孩子喜欢在积水坑里跑来跑去，甚至用手拍打积水坑；孩子看到垃圾车来装垃圾觉得好奇想在一边观看；孩子喜欢捡路上的小木棍、小石头……不要嫌脏，只要孩子喜欢们就让他去做，爸爸妈妈要尊重孩子自由玩耍的权力。

如果你想让孩子做什么事，试着用商量的语气和他说，并征求他的意见，尤其是在给他制定规矩时，一定要和他商量，和他一起制定。三岁的孩子已经明白一些事情了，也是该给他立规矩的时候，但爸爸妈妈不要只是告诉孩子要怎么做，不能怎么做，单方面给他制定很多规矩让他遵守，却不听听他的意见，这样很容易引起孩子的反抗。如果爸爸妈妈能和孩子一起制定规矩，并听取他的意见，给他解释为什么要制定这项规则，他会感到被尊重，会比较自愿地执行这些规矩。

当孩子违反了某项规定或提出不合理的要求时，爸爸妈妈要坚定地说“不”，用温和但坚决的语气拒绝他的要求。

那对三岁的孩子来说，什么是原则性问题呢？这个答案并不是千篇一律的，爸爸妈妈可以根据自己孩子的具体情况具体确定，但一般来说包括这几个方面：第一，已经说好的事情要做到，比如每天只看20分钟电视，吃饭时要到餐桌上自己吃，不许边玩边吃或边看电视边吃，出门前说好去商场不买玩具就不买等一些日常琐事；第二，不能随便扔垃圾，要把垃圾丢到垃圾桶，如果在外面没有找到垃圾桶，要把垃圾先放到自己的袋子里，好习惯是从小养成的，这一点完全可以培养三岁的孩子做到；第三，别人的东西不可以要，如果想要，要经过别人的同意，三岁的孩子与小朋友的接触越来越频繁，在孩子眼里东西都是别人的好，如果孩子能遵守这一条原则，他就不会去抢别人的玩具；第四，公共场合的东西是大家的，谁先拿到谁先玩，后到的要等前面的小朋友不玩了才能玩，如果是你先拿到，可以和别人轮流玩，三岁的孩子自我中心意识还很强，如果能遵守这一原则就可以避免和小朋友争吵打闹，还能培养他的分享意识；第五，如果你生气或不舒服可以说出来，但不许乱扔东西发脾气。

给孩子确立某些原则后，最难处理的就是面对孩子的求饶和眼泪，看着孩子因为要遵守某项原则而放弃自己很喜欢的活动，那种痛苦的表情很容易让爸爸妈妈动摇。为了更好地处理这种情况，爸爸妈妈可以从下面几点入手。

再三的妥协退让只会鼓励孩子继续纠缠不休达到目的，爸爸妈妈在面对孩子的要求时要清楚地告诉他你的底线。比如他看了20分钟动画片了，这时他要求再看5分钟，为了避免他看完5分钟后再提要求，你可以告诉他再多看10分钟，但10分钟后必须去洗漱睡觉，并在10分钟后关掉电视，带他离开客厅去洗漱。

孩子可能还会使出一些五花八门的小花招，爸爸妈妈一定要保持平静，坚决不让步。孩子最常用的方法就是赖在地上不起来，这时你不要理他，把脸扭到一边，装作要离开。一般情况下这时孩子都会起来，如果他还是不肯起身，你可以把他抱起来，但不要看他，任由他哭闹。如果他出现更激烈的反抗行为，不要激动，你要平静地告诉他如果他继续这样下去，那就要取消他很在意的某件东西或者做某事的计划，比如取消周六带他去游乐场的计划或取消他三天看电视的权利。

爸爸妈妈要记得自己做出的决定，并一定实施，以此来保证自己的权威，也让孩子清楚的知道自己行为带来的后果并必须要承担这个后果。一般来说，孩子在5次哭闹都没有达到自己的目的后，就不会再使用这个方法了。

感受“别人”的情绪——同理心的培养

三岁孩子有同理心吗

提到同理心，大部分爸爸妈妈会觉得有些陌生，其实对同理心的解释自古有之，像孔子所说的“己所不欲，勿施于人”、 耶稣所说的“你们愿意别人怎样待你们，你们也要怎样待别人”、摩西所说的“对自己无益的，亦不可施加于他人”，这些都是先哲们对同理心的诠释，俗话也说“人同此心，心同此理”。可见，同理心对我们来说一点都不陌生，几乎每个人都有同理心，连三岁的孩子也不例外。

下班回家你很累了，正打算打起精神来陪孩子玩会儿游戏，因为这是你增进亲子关系每天回家必须要做的事情，所以再累你也要和孩子玩会儿。你拿出玩具叫孩子过来玩，这时孩子看着你疲累的脸说：“妈妈，今天你很累了，我不要妈妈陪，妈妈你去休息吧！”听到孩子的话你是不是感觉孩子特别懂事、特别心疼人呢？这就是孩子拥有同理心的表现，爸爸妈妈此时除了感动一定要记得亲亲孩子、夸孩子几句，以此来鼓励孩子的这种行为。

但大多数时候孩子并不会出现这种行为，因为现在的孩子基本上都是独生子女，享受着无微不至的照顾，过着衣来伸手饭来张口的生活，他们遇事常常只想到自己或从自己出发，别人都得顺着自己，自我中心意识非常强烈。

例如吃饭的时候他会把自己喜欢吃的菜放到自己跟前来，还不许别人碰这些菜，只顾自己吃；父母上班累了回到家想先休息会儿，他却在旁边大吵大闹让父母陪自己玩；奶奶病了，身体不舒服，他却非让奶奶带自己到楼下去找别的小朋友玩，奶奶不去他就撒泼耍赖……

这些情况在生活中并不少见，那为什么孩子会这样呢？三岁的孩子有没有同理心呢？同理心是生来就有还是后天培养的呢？

同理心是什么

同理心最早由人本主义大师卡尔·罗杰斯提出，指一个人对于他人感觉、情绪和愿望的关注程度和敏感程度，用来评价一个人对于他人立场的感受并站在他人的角度思考和处理问题的能力。它是情商的一个重要组成部分，是一种高水平的认知能力，能让人想象到别人的感受，或自己在他人的处境下会有怎样的感受。

很多人会将同情心和同理心相混淆，其实，这两者之间是有很大区别的。拥有同情心的人懂得体谅别人，在情感上能与他人取得共鸣，但拥有同理心的人能将别人的感受内化为自身的感受，能融入别人的角色，感受对方当下的心情。拥有同情心并不等于就会有同理心，但是有同理心的人，一定拥有同情心，同理心比同情心高一个层次，心理学中的同理心更强调一个个体如何从心里真实地感受其他人的感受、体验其他人的体验。

简单地说，同情心局限于情感方面，比如孩子看到电视里的人在哭，他可能受到感动也会哭，但他不知道电视里的人哭的原因，或者爸爸妈妈告诉他看到小朋友摔到了要过去扶起小朋友，但不知道为什么小朋友摔倒了自己要去帮忙。这是因为孩子的同情心还未衍生到拥有同理心的层次。

同理心牵涉很多思考过程，拥有同理心的孩子能够站在别人的角度思考问题，爸爸妈妈可以通过探讨孩子的行为动机、想法来确定孩子是拥有同理心还是只拥有简单的同情心，比如为什么要去扶摔倒的小朋友，他会说因为小朋友摔倒了很疼，自己起不来，所以要去扶起来，而不是单纯地认为这样做是对的，所以要这样做。

那同理心是怎样产生的呢？它是与生俱来的吗？有人认为同理心是与生俱来的，因为如果一群新生儿在育婴室里，只要有一个宝宝哭，其他小宝宝也会跟着哭。其实这种现象心理学家将其称为“同理心唤起”，0至4岁的幼儿处于自我中心期，是没有同理心的。同理心是一个社会化的过程，与孩子的能力发展有关。

一岁之前的婴儿认为自己本身与外在环境是一体的，当他感觉到别人在哭，就会跟着一起哭，这并不是拥有同理心的表现。一岁之后的幼儿随着认知的发展，开始意识到自己与外在个体、环境并没有关系，别人难过与自己无关，不需要跟着表现出难过的样子。幼儿两岁左右，认知发展进一步成熟，感受能力也越来越好，会玩角色扮演的游戏，并能从角色扮演中，去了解其他个体，站在别人的立场与位置上为对方着想。同理心需要有足够的认知发展与后天环境的引导，才能慢慢表现出来，大概到幼儿两岁的时候会出现同理心的萌芽，等到三岁的时候才会逐渐表现出来，但这需要爸爸妈妈的正确引导，而且每个幼儿同理心出现时间的早晚会因为个体差异而有所不同。

培养孩子的同理心

拥有同理心的孩子能敏锐地察觉到他人的情绪，比较善解人意，自省能力也比较好，对团体纪律的服从性相对较高，愿意配合及给予。孩子拥有同理心，对他将来的道德观和价值观的形成也非常有帮助。那该怎样培养孩子的同理心呢?

三岁的孩子已经能感受别人的情绪了，能敏锐地觉察到别人情绪的变化，还会说一些好笑的话来逗别人开心。只不过，对于三岁的孩子来说，“别人”还只是与自己最亲近的人，如爸爸、妈妈，常在一起的爷爷奶奶、外公外婆等。所以，培养孩子的同理心，不要太过着急，希望他能对周围的人都具有同理心是不太现实的。

幼儿期是培养同理心的关键期，爸爸妈妈在这个时期要通过各种途径来培养孩子的同理心，虽然同理心不像其他技能那样可以教会孩子，但它可以被感染、被培育。爸爸妈妈日常生活中的行为会潜移默化地影响孩子，爸爸妈妈以同情、无私和客观的态度对待他人，表现出同理心，孩子就会跟着效仿，他的同理心也会得到进一步的刺激。

美国心理学家通过研究发现，孩子同理心的差异与其受到的管教方式有很大的关系。如果爸爸妈妈在教育孩子时更倾向于他的行为会给别人带来怎样的影响，比如因为淘气，害得别人很难过，那孩子的同理心就会很敏锐；如果爸爸妈妈只是一味地责怪孩子，孩子的同理心就会比较迟钝。爸爸妈妈要多关注孩子的情绪情感变化，适时地予以帮助或指导，因为孩子的态度和行为会随着爸爸妈妈的态度而改变。面对孩子表现出来的同理心行为，爸爸妈妈若给予及时的关注和鼓励，就能强化孩子的这种行为，反之，如果爸爸妈妈对孩子的这种行为不闻不问、视若无睹，长此下去，孩子的同理心就会削弱，甚至消失。等过了这个敏感期，再想培养孩子的同理心就会非常困难。

在平时生活中，爸爸妈妈要多站在孩子的角度想问题，如果爸爸妈妈经常和孩子说："如果妈妈是你，想多看会儿电视的时候不让看，妈妈也会不开心，可是今天看电视的时间已经用完了，再不睡觉，明天会起不来的，起不来就不能准时去幼儿园了。"这样说话就是在认同孩子的感受，让他知道妈妈是理解他的，久而久之，他也会尝试着把自己放在别人的位置上去思考，想想如果自己是妈妈会怎么做，这也是在培养孩子的同理心。

爸爸妈妈还可以和孩子玩一些角色互换的游戏，爸爸妈妈演小孩，小孩演大人。爸爸妈妈这时可以模仿孩子平常乱丢玩具、吵着买新衣服、故意耍赖的行为，让他切身体会一下做父母的艰辛，这对培养孩子的同理心非常有帮助。此外，让孩子养宠物也是个不错的办法，孩子可以在照料宠物的过程中感受到照料者的不易。

讲故事、陪孩子看电视，然后与孩子讨论书中或剧中人物的做法，爸爸妈妈要多采用问答的形式，让孩子假设自己处在那样的情况下会怎么办，爸爸妈妈要让孩子多发表看法，自己注意引导孩子就可以，不要说太多。

多带孩子参加集体活动或多创造机会让孩子和小朋友玩。在团体环境中与同伴相处，是孩子学习如何与他人和平共处最快的方式。一群孩子在一起玩，爸爸妈妈不用去教孩子怎样与别人相处，借由实际的互动过程，孩子就能发展出一套与别人相处的模式。当孩子感到不受欢迎时，他自己会主动去纠正自己的行为，爸爸妈妈这时可以简明扼要地告诉孩子他怎样做会更好。比如有的孩子爱欺负人，经常推倒小伙伴或抢别人的玩具，大家都不爱和他玩，这时爸爸妈妈和孩子说："如果别人把你推倒了，你会不会疼呢？别人要是抢走了你心爱的玩具你还会和他玩吗？"通过几句简单的话，孩子要想继续和别人玩，他就会改正自己的行为方式。孩子在与其他小朋友互动中会有更多的机会了解到不同人的想法，这对他同理心的发展是非常有帮助的。

孤僻性格早缓解

小小“独行侠”

亮亮今年三岁了，本来是该上幼儿园的年纪，可他却还在家里由奶奶照顾。亮亮的爸爸妈妈平时工作很忙，晚上、周末经常加班，没多少时间照顾他，而奶奶是从农村老家过来的，不会说普通话，每天就是照顾亮亮的饮食起居、打扫卫生，也很少说话。在这种环境中长大的亮亮变得有些孤僻，虽然会说话，但是很少说，也不爱出去和小朋友玩。年初的时候亮亮被送到幼儿园待了一段时间，但由于性格太过孤僻，他在园里不和老师说话，也不和小朋友玩游戏，总是一个人待在角落，还不许别人侵犯他的“领地”。没到一个月，亮亮就执拗地不去幼儿园了，爸爸妈妈忙着工作，觉得在家让奶奶照顾他也没问题，于是就没有强迫他再去幼儿园。

现在的社会中像亮亮这样性格孤僻的孩子不在少数，有学者推算，我国目前有30万～50万儿童有孤僻性情。由于当前孩子多为独生子女，城镇居民又多深居高楼，邻里间相互来往较少，孩子缺少与外界的接触，没有玩伴，只能生活在自己的小圈子当中，慢慢地就会养成孤僻的性格。

性格孤僻的孩子大多两岁之后就不爱与人说话，不喜欢与人接触，不和别人打招呼，也不理睬别人的呼喊；对亲友无亲近感，对社交方面没有兴趣和反应，不喜欢和小朋友玩，通常会拒绝别人的邀请；对什么事都漠不关心，只沉浸在自己的小世界里。

性格孤僻的孩子即使在幼儿园这种集体环境中也喜欢一个人独来独往，像一个小小的“独行侠”，不爱说话，不爱活动，喜欢独坐，不和别人交往，对老师和同伴有一种本能的抵触情绪。孤僻的孩子从不轻易招惹别人，也不喜欢别人招惹他，但当有一天他的负面情绪爆发的时候会变得非常有攻击性。

性格孤僻的孩子往往比较多疑，他自己不愿与人说话，但看到别人交谈时又会认为别人是在说自己的坏话，虽然怀疑，可他们不会主动去问，总是把所有事情都闷在心里，这样不但影响情绪，还会影响他的学习和生活。

孩子孤僻要怪谁

孤僻就是我们常说的不合群，从孩子会走开始，爸爸妈妈的困扰就转到孩子怎样与小朋友交往上来，虽然三岁是幼儿的社交敏感期，但并不是所有的孩子在三岁时就特别喜欢和他人交往，有相当一部分的孩子在三岁时有不同程度的孤僻性情，孤僻也是三至七岁孩子最常见的心理障碍之一。

那是什么原因导致孩子不合群、性格孤僻呢?

其实合群是一种发展能力，也就是孩子必须发展并建立出一种与他人互动和“符合群体要求”的行为与技能。如果孩子还不具备这项技能，他当然就不会合群。

在孩子刚开始学习社交技巧时，出现不合群多数是正常现象，爸爸妈妈不必太过担心。因为婴儿从蹒跚学步开始就要面临社会交往的考验，遇见不是经常照顾自己的人能不能亲近，不是爸爸妈妈说了算，孩子自己会想：这个人我见过没有？见过他几次？和他在一起时相处得愉快吗？……这些思考大人是不会看到的，等孩子自己判断出这个人是陌生人之后，他就会主动与这个人保持距离，这是一种天生的自我保护。当孩子与这个人相互熟悉之后，他就会打破这个距离，变得合群了。

如果孩子在经历了一个适应期后还是不喜欢与他人交往，或者行为刻板，在语言和交流上也存在某些问题，爸爸妈妈就要注意了。一般来说，孩子孤僻多半与其成长环境和受到的教育有关，家庭环境温馨，父母教育得好，整个环境给孩子的影响是积极的，孩子的性格自然就会开朗活泼，相反，家庭矛盾重重，父母疏于管教，在这样的环境中长大的孩子肯定不合群。

另外，隔代抚养的孩子也容易不合群。老人溺爱孩子、对孩子的过度保护会阻断孩子与其他人的自由接触和交流，有的老人为了防止孩子乱跑，会编出被坏人带走或被可怕动物吃掉的故事，使孩子害怕外出，进而发展为离群。老人人为地限制孩子的活动范围和交往机会，让孩子在封闭式的环境中生活，很容易使孩子的性格变得孤僻、不合群。

除了外在环境影响孩子的性格外，遗传因素也会影响孩子的性格。有些孩子天生内向，不喜与人交往，但各方面能力都不错，自己一个人也会玩得很开心。只要孩子的性格没有影响到他的健康成长，爸爸妈妈就不必非要改变他，尊重孩子的天性，让他自由自在地成长也是非常重要的。

孤僻性格早缓解

谁都希望自己的孩子天真烂漫、活泼开朗，但如果教育不当或家庭氛围不好、家庭成员之间矛盾重重，孩子很可能就会变得孤僻。那爸爸妈妈该如何预防，不让孩子养成孤僻的性格呢?

首先要为孩子创造一个充满爱的温馨、宽松的家庭氛围，让孩子敢说敢笑、敢玩敢闹。家庭是幼儿学习人际关系的第一所学校，幼儿与人交往的技能首先是在与家人的情感交流中形成的，幼儿会在与父母的情感交流中学会获得爱和表达爱的方式，学到基本的说话方式、手势、表情和交往方式。如果长期处在一个不和睦的家庭，幼儿会因此变得胆小怕事、不敢说话、害怕与人交往。

对孩子的教养方式是影响孩子性格形成的重要因素，爸爸妈妈平时要多和孩子接触，给孩子高质量的亲情，不能过分溺爱孩子，也不能对孩子要求过严，更不能经常打骂责罚孩子。对孩子要求过严会使他变得谨小慎微，什么都不敢去做；溺爱孩子则会使孩子的依赖性更强，缺乏积极主动的进取精神。

其次，在孩子会走路的时候要多带孩子到室外走走，给他创造一个与他人交往的环境。3岁以前的孩子大多处于以个人活动为主的阶段，爸爸妈妈有意识地带孩子到有其他小朋友活动的场所去，提供机会、创造条件让孩子与其他小朋友一块儿活动，这样就比较容易培养起孩子的合群精神。

把三岁的孩子送去幼儿园是培养他合群精神的最好办法。幼儿园这种集体环境能使孩子迅速学会与人交往的技巧，当他这么做不受欢迎时，他就会自己修正自己的行为，直到与别人能融洽相处。

孩子合群、开朗，能健康成长当然是每个爸爸妈妈的心愿，但如果发现孩子有了孤僻的表现，爸爸妈妈就要尽快帮助孩子纠正过来，因为孤僻会严重影响到孩子身心的健康发展。

由于三岁之前的孩子大部分时间是与父母和祖辈一起生活的，所以当孩子变得孤僻时，爸爸妈妈要首先从自己身上找原因。除了为孩子营造一个温馨的家庭环境外，爸爸妈妈要考虑一下是不是自己太过焦虑了。有的爸爸妈妈总是担心孩子吃不好、睡不好，怕他走路摔跤，怕他出去玩被小朋友欺负，怕他吃亏、上当，孩子长期受爸爸妈妈这种焦虑情绪的影响，很可能会变得胆小怕事，爸爸妈妈的过度关注反而阻碍了孩子发展合群能力的机会。所以，爸爸妈妈一定要放开手，让孩子自己去玩、自己去寻找能玩到一起的小伙伴。

担心孩子“上当、受欺负”是完全没必要的，挫折也是一种学习的机会，孩子在和同伴的磨合中更容易自觉地调整自己的行为，更能学会适应。不管爸爸妈妈教过孩子多少种与人交往的方式，只要孩子没实践，他就不会理解，也不会掌握这些技能。

有的孩子可能刚开始时很喜欢和别人玩，但由于在与人交往的过程中受到了某些伤害，比如被小朋友欺负、被人拒绝等，性格稍微内向的孩子这时就不会再想和别人去玩，因为他们害怕被再次伤害，就宁愿自己待在自己的小世界里。面对这样的孩子，爸爸妈妈要多鼓励他，多带他参加集体活动，帮助他与别人建立友谊，让他知道欢迎他的人还是很多的，消除他对别人的抵触情绪。

有的孩子在家中表现得很活跃，但在集体中就不声不响，不爱说话，也不爱搭理人。这种孩子大多是在家的时候做什么事都比较能得到爸爸妈妈的赞扬，而处在集体的环境中，他可能得不到老师或其他人的关注，这样的孩子一般也会得孤僻症。对这样的孩子，爸爸妈妈要和幼儿园的老师配合，让他在园里的集体活动中多多表现，帮助他找回自信，让他重新树立起自信，不再自卑。

还有的孩子天生不爱与人说话，喜欢一个人独处，如果爸爸妈妈觉得孩子能健康成长，那就不要去刻意改变孩子的天性了。

前暴躁固执性格“修正”

令爸爸妈妈抓狂的三岁半孩子

孩子三岁半了，不仅人生的第一个反叛期如期而来，凡事都和爸爸妈妈说“不”，而且还变得越来越暴躁、越来越固执了。

经常听见三岁孩子的爸爸妈妈在抱怨自己的孩子任性、固执、脾气暴躁，爸爸妈妈说什么都不听，非得按照自己的意愿来做事。最常见的例子就是出去的时候孩子看见某个玩具就哭闹着让爸爸妈妈买给他，不管爸爸妈妈是哄骗还是呵斥孩子，孩子就是要买那个玩具。

三岁半的孩子脾气也越来越大，变得暴躁易怒。自己一个人画画，画不好就开始发脾气，还不让爸爸妈妈教他，越给他纠正他就越烦躁，开始扔画笔、捶打桌子、撕扯绘图本，如果爸爸妈妈阻止他，他就会将怒气发泄到爸爸妈妈身上，甚至会打人。

这时候的孩子还要求别人一定要按照他说的办，如果稍不如他的意，他就会发脾气。比如吃晚饭前他要求吃零食，妈妈说要吃晚饭了不能吃零食，等吃完晚饭过一会儿可以吃个水果，但是他哼哼唧唧地就想吃，爸爸妈妈不理他，他就开始发脾气，哭着喊“我就要现在吃，不给我吃我就不吃饭”。

三岁半的孩子认准的事就一定要做到，固执起来谁都劝不动。腾腾想买一辆飞机模型，妈妈说太贵了不买，他就一直缠着妈妈，妈妈走到哪里他就跟到哪里，死缠烂打不行就开始哭，拽着妈妈的衣角哭得撕心裂肺、脸红脖子粗的，没力气了就小声抽抽搭搭地哭，手就是拽着妈妈的衣服不放，直到妈妈答应给他买了为止。

三岁半的孩子脾气甚至变得有些狂躁，和小朋友在一起玩，看上小朋友的玩具就伸手要，别人不给就抢，抢不到就可能动手打人家，如果小朋友向爸爸妈妈告状，他会生气地把别人的玩具使劲往地上摔。

看着孩子变得暴躁又固执，爸爸妈妈都很担心，难道孩子的性格就是这样了吗?

前暴躁固执性格

很多孩子在三岁的时候会表现得很暴躁、固执，经常像一头发怒的小狮子，爸爸妈妈就误以为这是孩子的性格，其实爸爸妈妈忽略了一点：虽然俗话说三岁看老，但人的性格基本上是在六岁前形成的，三岁的时候还有很大的可塑性，爸爸妈妈以为的“孩子暴躁固执”，只是“前暴躁固执性格”，还没有深化到深层次性格的境地。所以爸爸妈妈不要失望，只要给予孩子必要的“修正”，孩子的性格是可以改变的。

孩子表现出来的“前暴躁固执性格”的形成是有很多原因的，爸爸妈妈要弄清楚原因，再对症下药，就能比较容易地帮助孩子“修正”他的性格。

有人认为，刚出生的婴儿如果经常大声哭闹，手脚乱动，就比较容易形成暴躁的性格。其实，大多数小孩的暴躁脾气是在后天形成的，形成原因很多，而溺爱是造成脾气暴躁的最重要原因之一。溺爱孩子已经成了很多爸爸妈妈的通病，这些爸爸妈妈误以为对孩子百依百顺就是给他最好的爱，殊不知，无原则的迁就、对孩子有求必应会使孩子的脾气越来越暴躁，稍有一点不顺他的意他就会大发脾气。

与溺爱正相反，有的爸爸妈妈对孩子要求过严，对孩子的合理要求也总是拒绝，使孩子的欲望一直无法得到满足，在这种环境中长大的孩子脾气也会很暴躁，甚至会产生怀恨心理。

三岁半的孩子正处于人生的第一个叛逆期，这时候的孩子喜欢说“不”，喜欢和爸爸妈妈“顶牛”，喜欢发脾气，还很固执。爸爸妈妈很纳闷，为什么以前乖巧听话的孩子会变成现在这个蛮不讲理的“浑小子”呢？因为这个阶段的孩子渴望独立，他脑海里的独立意识和自主意识已经开始萌芽，他想用叛逆、不听话来表现出自己“长大了”，当他的这种表现不断遭到爸爸妈妈的训斥之后，他就会“恼羞成怒”，变得既暴躁又固执。

“修正”孩子的“前暴躁固执性格”

每个孩子脾气变得暴躁、固执的原因都不一样，爸爸妈妈在看到孩子发脾气时首先要做的是克制自己、保持冷静，千万不要斥责或惩罚孩子，要先弄清楚孩子为什么发脾气，再对症下药。爸爸妈妈的情绪时刻在影响着孩子，如果爸爸妈妈自己的脾气就属于暴躁易怒型，那么孩子的脾气多半也会和大人一样。

孩子在身体不舒服时会变得很烦躁，容易发脾气。所以在孩子发脾气时爸爸妈妈要先确认孩子是不是哪里不舒服，如果孩子真的是因为身体的原因而发脾气，爸爸妈妈除了要及时给孩子看病外，还要设法安慰孩子的情绪，让孩子平静下来。

如果确认孩子身体没有不舒服，而是因为没有满足他的要求而大发脾气，爸爸妈妈就要分析孩子的要求是不是合理。不管是在溺爱中长大的孩子还是在爸爸妈妈严厉要求下长大的孩子，他们都不明白自己的要求是不是合理。一味满足孩子的任何要求就会让孩子觉得只要是我想要的就都是合理的，而经常不满足孩子的合理要求，就会使孩子很疑惑，不知道到底什么要求爸爸妈妈才会满足，这会影响他认知水平的发展。

对于在溺爱中长大的孩子，爸爸妈妈要满足他的合理要求，对他不合理的要求要耐心地做说服工作，让孩子明白什么是合理的、什么是不合理的。爸爸妈妈要取得家庭成员之间教育要求的一致，严格要求孩子，绝不答应孩子的不合理要求。面对孩子的哭闹、发脾气，家庭成员不要袒护他，而是教导他，袒护会让孩子尝到甜头，以后闹得更凶，要让孩子明白用“哭闹发脾气当武器”是没有用的，这样坚持下去，孩子暴躁易怒、爱发脾气的毛病就会逐渐改掉。

而要想改变合理要求也不能被满足的孩子暴躁固执的脾气，爸爸妈妈首先要自我反省，当下次孩子提出要求时，分析这个要求是否合理，如果合理就要满足孩子，如果不合理，要向孩子讲明原因。当孩子明白了自己的要求哪些合理哪些不合理，而合理的要求又能被满足时，他就不会再乱发脾气了。

孩子在三岁之前很听话、很乖巧，只是在进入叛逆期后开始变得有些暴躁固执，爸爸妈妈不要太担心，这是孩子叛逆期的表现，只要稍加引导，等过了叛逆期，孩子就会变成原来那个乖巧听话的小孩了。爸爸妈妈千万不要与叛逆期的孩子硬碰硬，与他的反抗相抗衡，更不能责骂惩罚孩子，用自己爸爸妈妈的权威来压制孩子只会导致孩子在稚嫩的自尊心下产生更加强烈的反抗。而爸爸妈妈若能用和蔼的态度、诚恳的语气耐心地和孩子交谈，孩子的心情就会慢慢平复下来，也比较愿意聆听爸爸妈妈的教诲。

如果一时弄不明白孩子为什么发火，转移注意力是最好的方法。三岁孩子的注意力还是比较分散的，爸爸妈妈可以用一件新鲜事把他的注意力转移开。

孩子若是在比较嘈杂的公共场合发脾气，可以把他抱到相对安静的地方，因为过于嘈杂的环境会使他缺乏安全感，而喧闹声会和他的情绪产生抵触，引发烦躁心理。再轻轻地对着宝宝的小耳朵、小脖子吹气，小孩子非常喜欢这种感觉，会慢慢地平静心绪，远离烦躁。

如果孩子一段时间里突然变得很爱哭闹，脾气暴躁，爸爸妈妈要带孩子去医院做微量元素测试，看是不是缺乏钙、镁。钙有助于神经刺激的传导，缺乏钙会令孩子的神经无法松弛下来，造成精神紧张、脾气暴躁；缺乏镁会干扰神经活动传导，引发暴躁和紧张。若是孩子缺乏钙、镁，爸爸妈妈可以在孩子的日常饮食中增加牛奶、豆制品、海带、小鱼干、泥鳅、香蕉、苹果、坚果和深色绿叶蔬菜等来给他补充这两种微量元素。

CHAPTER 05

万事皆好奇——3岁应该进行的智力培养

3岁幼儿是一个对什么都有极浓厚兴趣的年龄：还有这样的话？太有趣了，我也会说！画画太好玩了，我要画画看；这个故事太神奇了……所有的一切对3岁幼儿来说都是有趣的、好奇的，而父母应该抓住这个有利时期，了解孩子的兴趣，引导他们去接触、学习感兴趣的事，这对孩子的智力发展非常重要。

说与唱——3岁幼儿的简单英语

孩子学外语要慎重

两三岁是孩子的语言敏感期，这时候孩子的语言词汇量会大大增加，能够比较流畅地表达自己的意思。三岁也是孩子学习第二语言的敏感期，很多爸爸妈妈会在孩子三岁的时候给孩子报外语培训班，希望孩子能够尽早掌握两门语言，但有时候也会事与愿违。

宁宁三岁半了，爸爸妈妈由于望子成龙心切在宁宁两岁多的时候就开始教他学英语，等宁宁长到三岁，爸爸妈妈就把他送去外语培训班，想让孩子接受更好更专业的教育。但半年后，宁宁的英语并没多大起色，而且他说话发音还不很清楚，经常把“老师”说成“老希”，把“吃饭”说成“稀饭”。

经过心理咨询专家诊断，原来是因为宁宁太早学习英语的缘故，宁宁在还没有掌握好母语的情况下学习第二语言，会发生母语和英语相混淆的情况，最终导致他不仅没学好英语，就连母语的发音都发不准，出现“大舌头现象”。孩子在幼儿期学英语，虽然能说出一些英语，但实际上就和鹦鹉学舌一样，并不能真正理解。哪种语言都能说，但哪种语言都不精通，不仅对孩子的智力发展没多大好处，还会给人格发展造成障碍。

舆论普遍认为，幼儿在三至五岁时是学第二语言的最佳时期，但实际上让孩子什么时候开始学第二语言并不是以孩子的年龄为标准，而是要在他掌握了母语之后，才能开始学另一种语言。因为幼儿一般在三岁时都能掌握好本土语言，此时再开始学第二语言就能将两种语言区分开来，不会发生混淆。

美国著名的心理学家布鲁姆认为，幼儿在五岁前是智力发展的最迅速时期，三岁是幼儿接受早期智力教育的最重要时机，所以三岁幼儿学习第二语言时在智力上是不存在问题的。

幼儿期是语言习得的关键期，主要是因为幼儿的语言系统都处于发育形成阶段，可塑性很大，模仿性很强，左脑引起的失语症，可以靠右脑机能来弥补，年龄大些后，左脑损伤引起的失语症就无法补救。

人的大脑中有一个专门负责学语言的区域，叫“布罗卡区”。两至七岁时，“布罗卡区”非常灵敏，此时存储的语言，会被大脑认为都是“母语”，运用自如灵活，终生不会遗忘；而过了七岁之后，大部分“布罗卡区”会自动关闭，此时再学另一种语言就会变成“英汉互译”，即大脑会将第二种语言存储在“记忆区”，与外国人对话时，要先在“布罗卡区”形成母语，再把母语调入“记忆区”形成外语，然后再说出来。因此，幼儿期学外语不仅能达到与母语同等熟练的程度，还能掌握标准的外语口音，若错过了这个关键期，无论学得多好都不能达到与母语同等熟练的程度。

而且孩子在六岁后辨音能力、认知能力，语调和语音大体上已开始退化。若孩子在六岁前只接受母语的刺激，那母语中枢以外的言语中枢就逐渐退化，六岁后孩子的母语中枢已形成一整套固定的控制模式，这时再学习第二种语言，母语中枢就很难接受。若能在语言敏感期对幼儿进行第二语言的教育，其潜力和发展是无限的，而错过了语言敏感期，孩子学第二语言会非常吃力，再多的刺激也难以达到充分发展的水平。

有关言语神经生理机制的研究表明，三至十岁是学习第二语言的最佳年龄。而三岁是孩子身体、心理、智力发展的重要时期，也是器官协调、肌肉发展和对物品发生兴趣的敏感期和学习语言的关键期。孩子在三岁时，其语言发展会发生翻天覆地的变化，孩子开始自觉地、有意识地对待发音，如果受到适当的刺激，其词汇量可能会达到飞跃式的发展。

说说唱唱学英语

在老一辈的眼里，三岁的小孩能说一口流利的母语已是一件非常不容易的事，而现在，三岁的孩子学英语已经是非常普遍的事情。如今幼儿园是否有外教、是否实行双语教学已经成了大部分爸爸妈妈给孩子选择幼儿园的标准，每位爸爸妈妈都希望自己的孩子能像学习母语一样去学习英语。

但事实并不像爸爸妈妈想象的那么美好，由于一大部分家庭的日常生活中缺乏使用英语的环境，三岁的孩子每天在幼儿园或培训班学到的英语无用武之地，花高额学费给孩子进行英语培训变成了“玩玩”。幼儿期学英语主要是扩充词汇量，有的爸爸妈妈就会规定孩子每天回家要学多长时间的英语，背多少个单词，但这种让孩子死记硬背学英语的方式不仅不能让孩子学好英语，还会磨灭孩子学英语的兴趣，让他觉得学习英语是一件很枯燥无味的事，甚至产生厌恶心理，成为将来学习英语时的心理障碍。

有的幼儿园或培训班为了能让孩子学会更多的英语，除课堂教学外，还会给孩子布置很多家庭作业，有些单词连本科毕业的爸爸妈妈都不认识，老师还会定期给孩子打电话，和孩子进行英语交谈，以检验孩子的英语学习情况，美其名曰“不让爸爸妈妈的钱白花”。

我们都知道，游戏是幼儿的主要任务，他们的一切认知活动都是在游戏中进行的。像这种高难度的英语学习，会直接打击孩子学英语的兴趣。孩子刚接触英语时，是因为新鲜、好玩才产生学习的欲望，当这种“游戏”变得不再好玩时，孩子就会选择放弃；若因为外界的压力而不得已继续去学，那学习效率就会大打折扣。

所以，爸爸妈妈在给孩子选择双语幼儿园或英语培训班时，一定要先去试听，了解一下他们的授课方式，如果是那种传统的、和成人学英语的方法类似的授课方式，最好不要选择，如果是以游戏的方式教孩子学英语，则可以选择考虑。

除了让幼儿在幼儿园、培训班学英语外，给孩子创造一个良好的家庭氛围来学英语也是十分必要的。并不是每个爸爸妈妈都能说一口流利的英语，但爸爸妈妈能给孩子提供符合幼儿生理、心理特点的教育素材，如一整套的声、光、图材料，包括英语故事、动画片、儿歌、游戏等来给孩子创造一个学习英语的氛围。

三岁的孩子以形象思维为主，集中注意力的时间为五分钟左右，他们对图片比较感兴趣，对语音模仿有非常强的能力，但他们也比较喜欢重复。所以，爸爸妈妈在给孩子进行英语活动设计时要做到游戏多、要求少、重复多、内容少。

幼儿在学习语言的过程中，最开始是学会越来越多的语音，三岁正处于这个阶段，所以三岁孩子学英语，只要会读就可以，不要要求他认识或书写单词。

结合孩子的这些特点，我们发现，让孩子听歌谣、说韵文，在说说唱唱中学英文是最适合三岁孩子的学习方法。悦耳动听的音乐、丰富生动的画面、极具特色的儿歌，旋律好听又简单易学，让原本枯燥的英语单词变得新鲜多样，能给孩子带来一种活泼欢快的语言接受环境，吸引孩子的注意力。

儿歌、童谣还有一个优点就是能配合手指和肢体动作，孩子能一边唱一边做动作，符合他们好动、爱玩的心理。这种极富趣味性的游戏还能帮助孩子记忆和理解，比如孩子学习鸟和飞两个英语单词，可以边模仿小鸟飞边念：bird bird fly fly，边玩边唱就把这两个单词学会了。

成人学英文歌都是先弄懂歌词的意思，学会歌词再去学唱歌，但幼儿不需要先学会单词再学习唱儿歌，也就是说幼儿学英语儿歌时不需要语言基础。孩子可以由歌曲童谣的引导进入英文的世界，只需要让他们常常听，不断跟着唱，在不知不觉中他们就能朗朗上口。

学习语言其实是潜移默化的过程，在欢快的氛围里孩子学习的兴趣比较高，所以爸爸妈妈不必每天规定哪段时间孩子必须学英语，孩子玩游戏、看图书、画画或者吃饭时，都可以给孩子放一些英语儿歌，这种潜移默化的效果要比硬逼着孩子学的效果好得多。

填色与画线条——3岁幼儿的绘画练习

涂鸦过后

两岁的孩子喜欢信手涂鸦，只要手中有笔，走到哪里都会乱画一气，他们的画带有很大的随意性，如果没有孩子用语言和动作来补充说明绘画的内容，爸爸妈妈根本就看不懂孩子画的是什么。而三岁的宝宝已经过了涂鸦阶段，开始向象征阶段过渡。

一岁左右的孩子就开始对笔感兴趣了，当他拿起画笔时，因为还控制不好手的力度和“挥毫”范围，他经常只是用笔在纸上点一些点，甚至会用力拿笔戳纸，等他的手能拿着画笔画出一些线条时，他会感到非常兴奋，经常画到纸张的外面。一岁的孩子往往只能画一些线条，放射交叉或呈不规则弧形和不规则圆。随着手部运动功能的增强，他对笔的控制力和手眼协调性都会有所提高，爸爸妈妈可以给他一块写字板让他任意涂画。

两岁的孩子到了涂鸦的敏感期，他会画一些简单的线条和弧，但他已经对画画有了些“感觉”，还会取一些奇怪的名字来命名自己的“杰作”。

三岁时，一部分孩子已经从无意涂抹变成有意涂抹了，开始有了运笔意识，在画画时他会加入自己的主观意图，控制力也会更强一些。虽然随意和不听指挥的线条还占很大比例，但他已经能画出不规则的梨形、圆形以及其他的简单形状，也能画一些简单的富有童趣的画。幼儿学习绘画有三个时期，三岁前的孩子处于涂鸦期，三岁处于象征期，四至六岁处于形象期，如果在孩子三岁时教给他一些绘画的基本知识和技能，他就能够正式学画了。

一般的孩子会在四岁进入绘画敏感期，但也有相当一部分孩子在三岁之后就会进入绘画敏感期。进入绘画敏感期的孩子手中整天都会拿着一支画笔，他在家里画个不停，不再去碰曾经喜欢的玩具，也不会缠着妈妈给她讲故事，不再要求多看会动画片，平时活泼好动、一刻也不消停的他会趴在桌子上画半个小时甚至更长时间；就算去了幼儿园，他也是画个不停，走哪画哪，教室的墙壁上、桌子上、地板上、床头都会留下他的“大作”，他不再喜欢和小朋友玩游戏，也不去碰任何教具，除了正常的吃饭、作息时间外，他所有的时间和精力都会花在绘画上，有的孩子甚至午休时间也要画画。

爸爸妈妈和老师会惊喜地发现，绘画敏感期的孩子画画的速度非常快，而且画出来的作品惟妙惟肖，想象力十分丰富。

整个绘画敏感期会持续一个月到一年的时间，爸爸妈妈要抓住这个敏感期培养孩子画画的兴趣，如果这个敏感期发展得好，就能奠定孩子将来成为绘画艺术家的基础。

绘画是一种表达感情的方式，幼儿通过绘画这种内部语言来表达自己的情感，他要表现的是一个整体的世界，而不是对客观事物的简单复写。幼儿的绘画就像是一面镜子，能清楚地映照出他们的思想和心态以及对我们这个现实生活的感受和看法。

绘画是培养孩子想象力的重要途径，还可以锻炼孩子小手的灵活性和协调性，培养孩子善于观察事物、了解事物特征的能力，绘画更能开发大脑右半球的功能，让孩子尽情画画对开发孩子的智力也大有好处。

填色与画线条

幼儿期是绘画能力发展的黄金时刻，三岁的孩子对画画格外喜欢，常常吵着爸爸妈妈让爸爸妈妈给他画笔画画。爸爸妈妈见孩子喜欢，就更不愿意错过培养孩子绘画的关键时期，想把孩子培养成一个“小画家”。

前面我们已经说过，三岁的孩子处于绘画的象征期，此时教给他一些基本的绘画知识和技能，他就能正式开始学画了。细心的爸爸妈妈会发现，刚刚三岁的孩子画的物体常在半空中飘忽不定，构图十分凌乱，孩子稍大点后，画的物体与地面的水平联系在一起，呈一字并列式排列，是一种原始的图形。处于绘画象征期的孩子在构图时没有遮挡，认为每个图形都有自己的空间，而且比较重视事物的外形，不太注意物体的颜色，只是使用单色笔在纸上涂抹，或交替使用两种不同颜色的笔重复涂画。

所以，在教三岁的孩子绘画时，爸爸妈妈要引导他从判别各物体的大小多少着手，注意物体之间的位置，引导孩子对周围环境中常见的、形象突出、色彩鲜艳的事物感兴趣。一般来说，孩子到五岁时才会对色彩有一定的认识，但若培养得当，学绘画的孩子在三四岁就会对色彩刺激很敏感。

那该如何引导孩子呢？最简单的方法就是让孩子填色和画线条。

有人认为填色不仅不能提高孩子的绘画水平，还会限制孩子的思维，使孩子形成思维定势。其实对于三岁的孩子来说，通过填色不仅能帮助孩子认识各种色彩，还能加深孩子对线条和物体形状的理解，提高孩子的认知能力。

爸爸妈妈通常都是买填色本来给孩子练习填色，这种方法并不是不可取，但爸爸妈妈不要拘泥于孩子填色的方式，也不一定非要孩子按照原来的颜色填上去。让孩子填色主要是增加孩子对于色彩的认识，他可以随心所欲地填色，不要让孩子形成“花是红色的、草是绿色的、天空永远是蓝色的”这种意识，这样很容易限制孩子的思维。

除了买填色本，爸爸妈妈还可以鼓励孩子给他自己画的画涂上颜色。比如孩子画了一朵云、一些草，当孩子把云涂成灰色或黑色时，不要着急批评孩子他涂错了，而是用赞赏的口气说：“宝宝画了一朵乌云啊，那有乌云了就会下雨，宝宝再画些小雨点吧！”孩子听到这样的赞美后会兴高采烈地根据爸爸妈妈的建议画雨点，这样就可以让孩子练习画线条了。

当孩子认识了越来越多的颜色后，他会突发奇想地把某件东西画成自己想画的颜色，他可能会把蚂蚁画成蓝色，把蛇画成绿色，把小草画成红色，把树叶画成褐色，把花朵画成黑色，本来该是蓝天白云、绿树红花的一幅画会被他涂得面目全非。不要惊奇，这说明孩子拥有惊人的想象力。

孩子三岁时可以教给孩子画线条和一些几何图形，但不要把画画变成一种机械枯燥的任务，你画一条直线，让孩子也照着你的样子画一条直线，这样用不了多久孩子就再也不愿意拿起画笔了。三岁孩子的任务就是玩，爸爸妈妈要想办法把画画变成一种游戏，让孩子乐此不疲地玩下去。比如每次画画时准备好多种颜色的油画笔，想让孩子画直线的时候你就说："妈妈画了一只黄色的筷子，你画一只绿色的筷子和它做伴吧，要不然黄筷子会感到孤单的。"孩子画的直不直都没关系，只要多加练习就好了。

练习画线条有很多种方法，可以用"画毛毛虫的脚"来让孩子练习画短线条，先画一只毛毛虫的身体，然后让孩子在毛毛虫的身体下面画上脚；用"画羽毛球拍"来让孩子练习画长线条，把球拍的头、尾画上，让孩子用直线把头尾连接起来；用"画初一的月亮"来让孩子练习画弧线，爸爸妈妈先画出月牙外侧的弧线，让孩子把内侧的弧线画出来，再和外侧的弧线连在一起组成一个弯弯的月牙；用"画浪花"来让孩子练习画波浪线。

当孩子掌握了横线、竖线、斜线、弧线、波浪线等线条的画法后，就可以适当教孩子画几何图形了。如两条横线两条竖线可以组成长方形和正方形，两条横线两条斜线可以组成平行四边形、梯形、四边形，这些由线段组成的图形不仅易学，孩子还能由此认识不少形状。爸爸妈妈在教孩子画几何图形时，还可以引导他让他观察什么东西是什么形状的，比如电视机是长方形的、他的小书包是正方形的、冰箱是长方形的等，不等你建议，孩子就会主动要求来画这些物体了。

学画画不仅能培养孩子的审美情趣，还对启智有好处，但若孩子对画画没兴趣，爸爸妈妈就不要一味地按照自己的意愿强求孩子去学，否则只能事与愿违，毕竟让孩子健康快乐成长才是最重要的。

3岁幼儿喜欢机智的小故事

睡前小故事

几乎每位妈妈都有睡前给孩子讲故事的习惯，《安徒生童话》《格林童话》《舒克贝塔历险记》等国内外的童话故事集不知给孩子讲了多少遍，但孩子还是百听不厌。三岁前的孩子对妈妈讲什么故事并不会特别挑剔，与听故事相比，他们更喜欢妈妈讲故事时把他抱在怀里的感觉；但三岁后的孩子开始对某一类故事特别着迷，讲卫生、懂礼貌之类的故事已经不能吸引他们的注意力了，他们对机智的小故事更加着迷。

三岁的孩子喜欢一遍一遍反复听同一个故事，并不时地问“为什么”， 他们对有关思维活动的信息特别感兴趣，这是因为他们思维的广度和深度都有了一定的发展。

两岁前的婴儿是不太具备思维能力的，他们更多的是像照相机一样从环境中吸收一切信息，并将这些信息内化成产生思维的素材。所以他们对所听的故事并无多大的选择性。两岁的幼儿具备了单向直觉思维，能从自己的角度去认识事物，他们能理解故事的主人公不讲卫生会生病，但他们不具备反向思维能力。

三岁幼儿的思维具备了一定的广度和深度，他对故事中的主人公想出的聪明机智的方法非常感兴趣。但还不能对他进行深层次的思维训练，只能通过一些故事和游戏对孩子进行熏陶，提高他的思维能力。

如果同一个故事孩子已经听过几次，当爸爸妈妈再给他讲时，他会随着爸爸妈妈一起叙述故事的情节，甚至能自己单独把这个故事讲出来。爸爸妈妈对孩子的这种表现会很惊奇，其实，只要爸爸妈妈仔细观察就会发现，孩子在三岁时变得特别爱说话，不仅喜欢和别人说，还喜欢自言自语，和自己的玩具说话，这是孩子语言能力发展的结果。

三岁前的幼儿想让成人理解他的思想就必须结合此时此刻的情景，并辅以手势、表情，甚至是带有表演性的动作，才能够表达出比较完整的意思；而三岁的幼儿开始沉浸在自言自语的快乐中，爸爸妈妈对他和洋娃娃嘟嘟囔囔说话还能表示理解，听起来仿佛还有实际意义，但很多时候幼儿一边玩一边嘟嘟囔囔说话，说的还是和当时情境完全无关的内容，这就让爸爸妈妈感到莫名其妙。

爸爸妈妈对此完全不必担心，幼儿喜欢自言自语是幼儿语言概括和调节功能的发展过程，属于幼儿语言发展过程中的正常表现。这种现象会随着幼儿知识、经验的丰富以及思维能力的发展和语言概括能力的提升逐渐消失。

随着语言能力的发展，幼儿说话越来越流利，他会把他的所见所闻、所做过的事或是想象的一些事情详详细细地说给爸爸妈妈听，还喜欢问这问那，碰到什么都喜欢问“为什么”。爸爸妈妈开始觉得原来只知道玩的孩子现在开始学着思考了。

成人在思考做什么事情时，使用的是“内语言”，成人拥有完善的内视觉、内听觉、内味觉和内感觉，许多时候不用真的去看、去听、去闻、去感，一样能在内心中产生看、听、闻、感以后的心理感受。幼儿却不一样，三岁前的幼儿其行为是受父母语言调节的，随着幼儿语言自我调节功能的发展，当幼儿开始以自己的语言调节自己的行为时，他的心理活动也随之进入一个新的阶段。三岁的幼儿用自言自语这种“外语言”来表达自己的内心思考，这是幼儿“外语言”与“内语言”相互交叉的过渡期，当这种“外语言”发展到一定程度时，幼儿就会产生“内语言”能力。三岁之后，幼儿会像成人一样静静思考，越来越不需要“外语言”，他开始用“内语言”来指导自己的外在行为。

三岁幼儿喜欢听机智的小故事，就是在锻炼自己的思维能力，加快自己“外语言”转化为“内语言”的进程。

鼓励孩子编故事

并不是每个孩子都能成为演讲家或辩论家，但孩子能拥有一口流利的口才是每位爸爸妈妈的梦想，培养孩子的口才要趁早，最好从幼儿期就开始。

鼓励孩子编故事是锻炼孩子口才的好方法，因为编故事是一种创造、编构的过程，它不仅能锻炼孩子的语言表达能力，还能丰富孩子的想象力。三岁的幼儿已经具备了一定的思维能力，加之他非常喜欢听机智的小故事，爸爸妈妈不妨由此开始鼓励孩子自己编故事。

编故事要经历一个过程，并不是一蹴而就的，爸爸妈妈先不断重复给他讲他喜欢的某个故事，然后让他复述，再和他讨论如果他是故事中的主人公他会怎么做，能不能想办法改变这个故事换个结局，让他慢慢学会思考，学会组织语言、整理思绪。

除了让孩子从故事中学会思考，丰富的生活经验和想象力也是孩子编故事不可缺少的。孩子经历得越多、认识的事物越多，他编故事的题材也就越多，想象力就更丰富，所以，在教孩子编故事之前一定要先丰富孩子的生活，扩大孩子的知识面和视野。带孩子参加各种各样的活动、扩大孩子的阅读范围、帮孩子解答疑问、鼓励孩子动手参与等都可以调动孩子的多种感官综合感知，使他获得大量的信息，为他编故事提供丰富的素材和词汇。

当孩子的大脑里储存了大量的“故事素材”后，爸爸妈妈可以让孩子先从“看图编故事”开始。看图编故事就是给孩子一幅图画，让他自己想象、自己思考、自己组织语言，然后编出一个有头有尾的完整故事。这个方法能训练幼儿的思维能力、想象力和语言表达能力，但需要爸爸妈妈引导他看清图画上的一切，包括人物、动物、物体、人物动作、表情等，再对这幅图画进行猜测：这是什么时间、在什么地方、图画里的人物或动物在干什么，他们之前做了什么、以后要去做什么……

考虑过这些问题后，孩子可能还是不知道该怎么编故事。俗话说，万事开头难，爸爸妈妈可以先编一个开头，让孩子发挥想象补充故事的中间和结尾。在编的过程中孩子由于生活经验不足或想象力不够可能会编不下去，或者不能自圆其说，爸爸妈妈要顺着孩子的思路启发他，帮助他编下去，但不要用自己的思想去左右他的想法，这样孩子的想象力会受到限制。编完后，爸爸妈妈要给以及时的评价，以鼓励为主，尤其是要赞赏孩子表现出来的想象力，但也要指出孩子语言或思维上存在的不足。

不要以为这种图画用过一次之后就没用了，爸爸妈妈可以利用同一张图画让幼儿反复编故事。从第二次开始，让孩子自己编开头，爸爸妈妈补充中间部分和结尾，和孩子讨论为什么会出现不同的结局，和孩子一起理顺故事发展的脉络，这样对培养孩子的思维能力非常有帮助。这样训练孩子几次后，再拿出一张图画，孩子就能自己编出一个完整的故事了。

三岁的孩子在开展想象活动之前已经有了初步的目的性，也就是说他会以图画的内容为出发点来展开想象，但由于能力不够，即使是在爸爸妈妈的引导下他也很可能会偏离最初想描述的主题。这就需要爸爸妈妈有足够的耐心来引导孩子，帮助孩子不断进步。

训练孩子编故事教给他一些基本的技能是很必要的，比如一个故事可以用什么样的语言开始，怎样构思一个故事粗略的情节轮廓，怎样安排这些情节发生的先后顺序，用什么样的语言把这些情节串联到一起，最后要用什么样的方式结尾，是按照故事发展的结果结尾还是用提问式结尾？

三岁的孩子正处于语言敏感期和想象力迅速发展的时期，这时候鼓励孩子编故事不但不会引起他的反感和拒绝，反而会激起他的兴趣。喜欢编故事的孩子往往口齿伶俐、思维敏捷，而编故事也能为孩子今后学习书面语言、写作文打下扎实的基础。

背诵儿歌和诗歌

惊人的记忆力

孩子一天天长大，只要爸爸妈妈细心观察就会发现，孩子几乎每天都在变化，你还以为他是那个你说过很多次可他什么都记不住的小孩吗？那你就错了。

你有没有发现，有时候你在屋里寻找某个物品，当孩子听到你说在找什么时，他会很快帮你找到，你可能会很惊讶孩子怎么知道东西在哪里，也可能会认为不过是“瞎猫碰见死耗子”罢了；那你有没有发现，你漫不经心地给孩子讲故事，孩子会时不时提醒你哪个地方讲错了，告诉你不是你讲的那个样子而是怎样的，就算是只有几个字和书中不一样，他也会发现并告诉你书中是怎样写的，他还会把幼儿园老师讲的故事或教的儿歌一字不漏地说给你听……

当孩子不断指出你讲的故事哪里错了时，你终于开始惊叹孩子的记忆力了。确实，三岁孩子的记忆力是非常惊人的，虽然他并不了解他所记住的儿歌或故事是什么意思，但他确实在听了几次后就能记住，这就是幼儿的机械记忆。

机械记忆就是我们通常所说的死记硬背，人的记忆按照记忆时对材料是否理解，可以分为机械记忆和意义记忆。意义记忆是理解的记忆，是根据对材料的内容、逻辑关系的理解而进行的，而机械记忆是记忆时对材料的意义、逻辑关系并不理解，只是用逐字逐句简单重复的方式进行记忆。由于理解力差，又缺乏生活经验，所以他们在记忆时大都是采用机械记忆的方法，比如许多诗歌、故事等，幼儿是逐字逐句地硬背记住的。就像上面我们所说的那样，虽然幼儿并不一定理解那些字、词、句的意思，但反复听几次就能记住，可见，幼儿的机械记忆能力是相当惊人的。

很多人都认为，人的记忆是从三岁以后才有的，要不然，为什么人们都不记得自己三岁之前的事，只记得三岁之后的事呢？其实，人的记忆从在妈妈的子宫的时候就有了，科学家做的实验证明，当刚出生的婴儿听到自己妈妈的声音时吃奶会更起劲，这表明他记住了在子宫中经常听到的声音。科学家还让新生儿听妈妈在怀他的时候经常播放的音乐，得到的结论是：婴儿的心律发生了变化，在他哭的时候，听到这段音乐就会平静下来。由此可以肯定，婴儿对他在子宫中经常地、反复听到的声音是有记忆的。那为什么人不记得小时候尤其是三岁之前的事呢？科学家对此提出的设想是长期的记忆需要用语言形式来表达，因为语言可以加强和巩固记忆，而三岁之前人还未能掌握语言，而且人的大脑在七岁时才发育成熟，七岁之前大脑的神经元还未很好地连接，因此记忆的存储能力很弱，所以人们不太记得学龄前的事。

幼儿出生后，他记忆的发展规律是形象记忆→无意识记忆→机械记忆→意义记忆。刚出生的婴儿对形象、色彩鲜明的物体会产生记忆，因为色彩鲜明的物体对婴儿的感官刺激最大，所以他能够最先记住这些物体；之后幼儿开始产生无意识记忆，即没有任何目的、不需要任何努力而记住事物，比如他能记住妈妈将某个物体放在了哪里，等妈妈寻找时会很快地将它找出来，这些记忆都是很随意的、无意识的，这也是三岁幼儿非常擅长的一类记忆；随着语言的发展，幼儿开始有了机械记忆，他并不懂得妈妈教给他的诗歌是什么意思，但他听了几次后就能完整地背出来；再之后随着思维能力的发展和生活经历的增加，幼儿开始先理解某句诗歌的意思，然后再去记忆，这就是意义记忆。

三岁的幼儿主要以机械记忆为主，爸爸妈妈要充分利用孩子的特点来锻炼孩子的记忆力。

强化三岁孩子的机械记忆

科学家研究发现，人的记忆力和智力之间的关系是随着年龄的变化发生改变的：三岁之前记忆力占了人的智力的主要部分；而三至六岁，记忆力与智力的相关系数为6～6.5，表现出较高的相关关系；六岁直至成年之后，人的智力结构发生了变化，记忆力出现下降，思维能力和创造力开始占主要地位。由此可见，优秀的记忆力是幼儿拥有高智力的必备条件。

三岁的幼儿拥有超强的机械记忆能力，能很轻松地记住爸爸妈妈教给他的儿歌和诗歌，爸爸妈妈想锻炼孩子的记忆力只要不断强化他的机械记忆就可以了。

每个幼儿都要经历唱儿歌的阶段，儿歌采用的韵语形式非常适合低幼儿童聆听吟唱，而且儿歌短小精悍、节奏明快，音乐性强，虽然只有短短几行字，浅浅白白，却浓缩了儿童化语言的精华，蕴涵着语言之初的无穷魅力，幼儿喜欢学，妈妈教着不费力，是培养幼儿记忆力的最好方法。

儿歌的内容来源于幼儿的生活，便于幼儿理解和记忆，选择那些有情趣、音乐性强、朗朗上口、篇幅短小又符合幼儿特点的儿歌经常念给孩子听，这种儿歌有节奏感，能够使大脑多个区域工作，充分发挥功能，还能使孩子身体放松，产生快感，所以孩子也就记得特别快。给孩子念儿歌时，要面对着孩子，放慢语速，发音准确，口型还要夸大一些，给孩子准确的声音刺激，还要面带表情，加一些肢体动作，以吸引孩子的注意力。这样教孩子念儿歌不仅能锻炼孩子的记忆力，还能教给他正确的发音，培养他的语言能力。

三岁的孩子一般在听了几遍后都能背出儿歌的歌词，爸爸妈妈可以问孩子是否理解儿歌的内容，孩子可能会说几句，但更多的三岁孩子可能会是一脸茫然的表情。这时爸爸妈妈要给孩子讲解儿歌的内容，并引导孩子想象。当孩子理解了儿歌的内容后，他就会发散思维，联系生活中的其他事物，爸爸妈妈就可以和孩子以家中随处可见的某个物品为内容来编儿歌，比如书本、水杯、衣物等物品，把这些物品的名称编进儿歌里，用短短的几句话把其结构、特点、功能表述清楚。

除了儿歌外，孩子最喜欢学的就是诗歌了。诗歌虽不如儿歌有节奏感、便于孩子吟唱，但诗歌简短押韵，朗朗上口，也非常便于孩子吟诵，尤以唐诗最具代表性，而且每一首古诗词都用精简的词语表达了丰富的人文知识内涵，每一首唐诗都仿佛是一幅国画，非常有意境，即使孩子在背诵的时候并不懂得词语的内涵，但也不妨碍他们获得美的享受，背诵唐诗会对孩子起到潜移默化的作用。

有人认为孩子并不理解诗句的意思，让孩子背诵这些诗歌就是在给孩子增加压力，殊不知，三岁孩子的机械记忆能力非常强，背诵诗歌对他们来说非常轻松。有句话说得好：对孩子们来说，不大懂的东西可能像块冰，孩子吞进肚里后，自己会化的。虽然消化的时间有长有短，但随着年龄的增长，孩子对诗的理解会越来越深的。让三岁的孩子背唐诗不过是在充分利用孩子超强的记忆力，对孩子来说是没有任何思想压力的。

儿歌虽然浅显易懂，但没有唐诗的艺术性，我国很多唐诗都是艺术性、思想意境均佳的好作品，孩子背诵唐诗不仅能受到美的熏陶，若理解了诗的内容，对孩子的思想也会产生非常有利的影响。

孩子初学背唐诗，要选一些孩子熟知的事物，比如《静夜思》《鹅》等作品，内容直白，浅显易懂，月光、霜、明月、鹅等意象都是孩子熟知的事物，不但容易记住，还容易理解。三岁孩子的好奇心很强，在读了几遍后他就会主动问爸爸妈妈这句话是什么意思，这首诗是什么意思，爸爸妈妈用简单的语言把诗词的主旨大概解释清楚，最好是买那种带插图的读本，孩子处于形象思维的阶段，插图能帮助他理解诗句的意思；之后要对孩子不理解的词重点解释，让孩子知其然，并知其所以然，加深孩子对诗的理解。

让孩子理解诗的内容最有效的方法是让他感受到诗中的意境，多带孩子亲近大自然、体验生活，让孩子身临其境就能让他进一步领悟诗词的含义。

抽象逻辑思维的开发

三岁幼儿的思维

儿童的思维一般要经历三个阶段：直观动作思维阶段、具体形象思维阶段和抽象逻辑思维阶段。三岁之前的幼儿处于动作思维阶段，三至五岁的幼儿处于具体形象思维阶段，到了五六岁，幼儿开始出现抽象逻辑思维的萌芽，六到十一岁是培养儿童抽象逻辑思维的关键阶段。

但思维的这种发展途径并不是取代式的，不是说具体形象思维发展了就取代了动作思维，而具体形象思维又会被抽象逻辑思维所取代，这三种思维都得以发展后就会永久地保留在个人的思维结构中。也就是说人在成年后也会有孩子般的直观动作思维，就算是哲学家也有具体形象思维。

三岁的幼儿只拥有直观动作思维和具体形象思维，你问他今天妈妈买了几个苹果，他会先用手指逐个数完后再回答，他们的思维离不开用手指点数的动作；他怕打针，看到穿白大褂甚至只是白色衣服的人就会哇哇大哭，以为穿白色衣服的人都是医生，这就是因为他的思维和具体形象直接相关；三岁幼儿的思维还带有情绪性，当他看到动画片里的灰太狼被小羊们打败之后就会欢呼雀跃……

幼儿在三岁时还不具备任何抽象思维能力，他不知道水果包括苹果、香蕉、橘子、梨等，你和他说去拿个水果吃，他会一脸茫然地看着你问你什么是水果；他知道动物园里有老虎、大象、猴子等，但他不知道动物是什么；如果你让他把苹果、大象、香蕉、猴子、橘子、老虎这六种东西分类，他也不知道哪个和哪个是一类的；他能从1数到10，但他不会把1到10这十个数字从小到大或从大到小排列，他还不知道什么是大、什么是小……

从思维本身的水平来说，抽象逻辑思维是最高水平的思维，培养孩子的思维能力，最终必然是要发展孩子的抽象逻辑思维能力，可三岁的孩子抽象思维还未萌芽，那是不是就不用着手培养他的抽象逻辑思维了呢？

答案是否定的，尽管五岁以下的孩子还没形成抽象逻辑思维，但爸爸妈妈却不能忽略了培养孩子这方面的能力，孩子在三岁时语言能力得到了很大发展，能够比较流畅地表达自己的意思，这时候就该着手培养他的抽象逻辑思维了，比如分类概括能力、顺序概念、时间概念等。

及早培养孩子的抽象逻辑思维能为孩子升入小学做准备，一些小幼衔接的研究表明，进入小学后难以适应学校学习的孩子很大程度上是因为他的抽象逻辑思维能力赶不上，而在这方面准备得比较好的孩子进入小学后生活学习就会顺利很多。

当然，发展幼儿思维的逻辑性并不只是为了入学做准备，这样做还有利于孩子的长远发展。虽然抽象逻辑思维不是幼儿的主要思维方式，但人的思维是不断向前发展的，思维的阶段性是交叉的而不是绝对的，着力发展当前的思维和适当发展下一阶段的思维是相互渗透、相互融合、相辅相成的。

开发幼儿的抽象逻辑思维

开发三岁幼儿的抽象逻辑思维不能好高骛远，要从丰富幼儿的感性知识入手，发展他们的言语，教给他们正确的思维方法，还可以教幼儿做一些简单的智力游戏或者实验，来实际锻炼幼儿的思维。

思维是人脑对客观现实的概括和间接的反映，由感知而获得的感性经验是思维发展的基础，所以，开发幼儿的抽象逻辑思维首先要做的是丰富幼儿的感性知识。

幼儿接触的事物范围越广，他的感性经验就越丰富，在积累了足够的经验后，幼儿对事物的概括就会更加全面、准确，对事物的理解也会更加深刻。

比如问幼儿水杯是什么，他可能会指着自己喝水的杯子告诉你这个就是水杯，而在你给他看了很多水杯的实物和图片，并让他比较了各种形状、颜色、大小不同的水杯之后，经过成人的引导，他能说出水杯的本质特征：水杯是给人喝水用的东西。

带幼儿多观察炊事员、理发员等穿着白大褂的人群后，孩子就会明白穿着白大褂的人并不一定就是医生。这些就是在获得了丰富的感性知识后，孩子经过分析得到的结论，这样是在为开发幼儿的抽象逻辑思维能力做准备。

三岁的幼儿好奇心强，对什么都感兴趣，爸爸妈妈可以利用孩子的好奇心经常带他们接触大自然，接触周围事物，带他们多走、多看、多听、多摸，开阔幼儿的视野，丰富幼儿的感性知识。

只有当幼儿积累了同类各种事物、多种材料的足够的知识经验之后，爸爸妈妈才能开始引导幼儿进行分类、概括，把零散的知识条理化、系统化，帮助幼儿形成初步的各种概念；之后，才能进一步引导幼儿运用概念进行判断、推理，尝试着对不同的物品进行分类和概括，这样幼儿的思维才能逐渐向抽象逻辑思维方面发展。

语言是思维的外衣，也是思维的工具，人脑就是借助于词的抽象性和概括性来对事物进行概括的。由于幼儿的词汇量很小，特别是对抽象性、概括性较高的词掌握得较少，内部言语也还正在形成发展之中，使思维能力受到了一定的限制，所以，培养幼儿的抽象逻辑思维能力必须先发展幼儿的语言。

三岁的幼儿正处于语言敏感期，爸爸妈妈要利用好这个关键期培养幼儿的语言能力。只有当幼儿掌握了足够的词汇量时，他才能借助词和语法规则逐渐摆脱实际行动的直接支配，摆脱表象的束缚，抽象、概括出事物之间的规律性联系。

比如幼儿只有掌握了苹果、香蕉、橘子、水果等词语后，他才能把各种颜色、形状、大小不同的苹果概括为“苹果”，再把苹果、香蕉、橘子概括为“水果”。

培养孩子的分类能力也是开发抽象逻辑思维的一个重要方面。

孩子玩完游戏，你可以让他把玩具分类整理好，比如把玩具熊、布娃娃等毛绒玩具放一起，把小汽车、出租车、跑车、消防车等车类放在一起；早上起床后，教给孩子让他自己整理自己的小房间，把上衣、裤子、袜子分类放在柜子里；让他把蔬菜、水果、文具等的卡片分类放好，经常这样训练，孩子分析、概括能力就会得到提高。

比较能力也是抽象逻辑思维的一个方面，通过比较，能提高孩子分析、判断的能力，使他更清晰、准确地认识事物的表象和本质。对于三岁的孩子来说，让他学着比较差别小的事物会有点困难，可以从比较鸡和鸭、狼和狗等外形和习性差别较大的事物开始训练孩子的比较能力。

教孩子认识事物的空间方位关系有助于培养他的抽象逻辑思维，三岁的孩子处于绘画敏感期，爸爸妈妈可以让孩子在一张纸上画出自己的家，再画出家的前面、后面是什么，离家不远的商店和公交站是在家的哪个方向，让孩子懂得“前后左右”的概念。

培养三岁孩子的逻辑判断和推理能力还为时过早，但爸爸妈妈可以先教孩子做些简单的智力小游戏。给孩子一个透明塑料袋，打开口让他拿着兜一圈，再把口扎上，这时塑料袋就会变得鼓鼓的，孩子会很好奇为什么里面什么也没装袋子却能鼓起来，这时爸爸妈妈就可以告诉孩子塑料袋里面装的是空气，而空气是看不见、摸不到却无处不在的气体，通过切身的体验，孩子就比较容易理解空气的特性。

总之，培养三岁孩子的抽象逻辑思维时，爸爸妈妈不要着急，不要对孩子有太高的要求，要根据孩子的实际情况因材施教。

有的孩子因为发育较为迟缓，对爸爸妈妈所教的东西可能一点也学不会，爸爸妈妈不要因此觉得孩子笨而打骂、责罚孩子，这是很正常的现象，爸爸妈妈不妨推迟一点再教孩子这些东西。

CHAPTER 06

叛逆与各种挑战——3岁幼儿最令人头疼的教养难题

对孩子已经3岁的父母来说，这一年将会是接受最多改变的一年，那个一直听父母的，父母说是什么就是什么的小孩，突然变得不可理喻了。他们不再听到什么就是什么，会对父母大声喊“不”，会赖皮、纠缠，无论父母怎样劝说，都不为所动……尽管这些难题一直困扰着父母们，但是要相信，这一年，这个幼小的“叛逆者”所带来的变化和成长很令人惊奇。

吃饭就像“打仗”

“饭桌”还是“烦桌”？

家有一个三岁孩子，爸爸妈妈就会被这个小人折腾得不胜其烦，抛开孩子到了人生的第一个反叛期不说，仅仅是一日三餐就足够让爸爸妈妈头疼了。

想方设法为孩子变着花样做菜，孩子还是吃一两口就跑开了；爸爸妈妈为了给他补充营养，不厌其烦地给他讲这道菜有什么营养那道菜能帮助他长高，可孩子还是看见他不喜欢的菜就一口不吃；边玩边吃、边看电视边吃饭已经成了他的习惯，不高兴了就不吃，爸爸妈妈追着喂、哄着喂还是只吃一点点，一顿饭下来要吃一个多小时；好不容易肯坐在餐桌边吃饭，手里还要拿个玩具，吃几口玩一会儿，他还喜欢把桌上的饭菜弄得乱七八糟，桌上、地板上到处都是饭粒……

偏食挑食、不爱吃饭、爱吃零食成了现在很多孩子的通病，爸爸妈妈威逼利诱的方法都用过了，却还没改变孩子不良的饮食习惯。本来是一家人聚在一起吃饭的美好时光变成了爸爸妈妈与孩子斗智斗勇的“战场”，饭桌变成了“烦桌”，提到让孩子吃饭，几乎每个爸爸妈妈都会叹气，为什么让孩子好好吃顿饭就那么难呢？

孩子不愿意吃饭，如果不是因为身体不舒服，那很可能是因为爸爸妈妈长期逼迫孩子多吃饭而使孩子得了心理性厌食。孩子断奶之后，爸爸妈妈很难判断出孩子到底是不是吃饱了，由于总是担心孩子吃不好，担心营养跟不上，很多爸爸妈妈就想方设法让孩子多吃点。

孩子从出生时就有饥饱感，当他吃饱了的时候就会停止吃奶，爸爸妈妈也不需要控制喂奶量，而当孩子断奶之后，爸爸妈妈却总是在不断地要求孩子多吃点，全然不顾孩子的意见：当他还不会说话的时候，他吃饱了会把头扭到一边，用身体语言告诉爸爸妈妈“我吃饱了”，然后爸爸妈妈为了让孩子多吃点会在孩子看电视、玩耍时随时将饭塞进孩子嘴里。爸爸妈妈以为只要让孩子把饭吃进肚子里就能补充孩子身体成长所需要的营养，却不知道用这种方式喂孩子吃饭，孩子是在不自主地吃，脑没有产生接受食物的信息，口腔就不能产生敏锐的味觉，消化系统也不分泌消化食物的液体，虽然食物进了肚子，实际上并没有被孩子吸收。

爸爸妈妈这样强迫孩子吃饭的后果就是孩子感觉不到吃饭的快感，也尝不出食物的味道，食物在胃中不能消化，又造成胃部的不适，长期下去，人体消化系统的功能就会紊乱，孩子就更不愿意吃饭了。

造成孩子不爱吃饭的原因还有进食无规律，吃饭没有固定的时间点，进食时间的延长或缩短，都会使正常的胃肠消化规律被打乱，从而出现每到正常的一日三餐的时间孩子总是说不饿，过了吃饭的点又要吃东西；爸爸妈妈为让孩子获得更多营养会无节制地喂孩子吃肉蛋奶，自以为多吃这些有利于孩子的健康成长，却不知吃多了肉蛋奶会损伤胃肠，引起消化不良，也会导致孩子不爱吃饭；吃零食也是导致孩子不爱吃饭的重要原因之一，不停吃零食会导致胃肠道蠕动和分泌紊乱，而饮料、雪糕、巧克力等高热量的零食会使血糖总是处于较高水平而不觉饥饿，所以经常吃零食的孩子就不爱吃饭了。

让孩子决定吃多少

孩子吃饭是最让爸爸妈妈头疼的一件事，爸爸妈妈总以为孩子不好好吃饭是他自身的原因，却忽略了爸爸妈妈不正确的喂养方式才是使孩子养成不良饮食习惯的“罪魁祸首”。所以，想让孩子好好吃饭，爸爸妈妈要做的就是改变自己对孩子的喂养方式。

首先，爸爸妈妈要停止强迫孩子进食。孩子自己有饥饱感，所以吃不吃和吃多少由孩子自己说了算，而吃什么和什么时间吃由爸爸妈妈说了算，这样既能保证孩子爱吃饭，又能保证他能获得身体成长所需的各种营养。

三岁的孩子在一天内应吃三次正餐和三次加餐，爸爸妈妈可以根据孩子自己的特点来安排孩子的进食时间，但爸爸妈妈要给孩子提供多种多样并且营养平衡的选择，食物要足量，这样孩子会恰当吃他们所需要的量，既不多也不少，饭后可以给孩子吃一些甜点，如果甜点是水果，就可以让孩子多吃一点。孩子每顿饭吃多少并不是固定不变的，爸爸妈妈不要死板地认为今天中午孩子吃了一碗米饭，明天中午孩子也必须吃一碗米饭才能吃饱，孩子身体每天所需的营养是有限的，中午吃少了，晚上他就会多吃一点，所以爸爸妈妈切不可给孩子定量喂饭。

三岁的孩子可能已经养成了吃零食、不按时吃饭的习惯，爸爸妈妈要想改变孩子的这些习惯，一定要狠下心来拒绝孩子的不合理要求。每天定时吃饭，吃饭时定好规则，如不能边玩边吃，不能边看电视边吃饭，必须和爸爸妈妈一起坐在餐桌前吃饭。如果孩子非要玩，爸爸妈妈问他是不是要选择放弃吃饭；如果他放弃吃饭，爸爸妈妈也不要指责他，吃完饭平静地把饭菜收走，还要把零食收起来，放到孩子找不到或够不着的地方，在下顿饭之前，不要给他任何食物。

爸爸妈妈不用担心孩子会饿着，一顿两顿不吃饭就会影响孩子的生长发育，当他真的饿了又没有别的办法的时候，他会乖乖地坐到餐桌前的。比如早上你给他吃牛奶和鸡蛋，他看了看说不吃，非要吃冰激凌，爸爸妈妈要耐心地告诉他早餐只有牛奶、鸡蛋和面包，没有别的，如果不吃，只能等到中午十二点才能吃饭，孩子若还是坚持不吃，那就把早餐和零食都收起来，在吃午饭之前不给他任何食物；到了中午，孩子看到午餐是面条又说不吃，非要去吃肯德基，爸爸妈妈再告诉他一次午餐只有面条，没有肯德基，如果不吃只能等到吃晚餐时才有东西吃，孩子依旧坚持不吃的话，那就把午餐和零食再收起来；等到了晚上，不论爸爸妈妈做的是什么，饿了一天的孩子都会吃得津津有味的。

这个过程中最需要的就是爸爸妈妈的坚持和家庭成员意见的统一，如果爸爸妈妈听到孩子哭闹就心软给他零食吃，或妈妈坚持，而奶奶却在妈妈拒绝后就带孩子去吃肯德基，那孩子是永远也改不了这些不良饮食习惯的。

解决了这个问题，还有一大难题，就是孩子偏食、挑食。爸爸妈妈可能不知道，很多孩子的偏食、挑食是由爸爸妈妈造成的。英国营养专家的一项调查发现，有百分之八十的妈妈存在偏食，而偏食的妈妈带出来的孩子多半也存在偏食现象。孩子偏食、挑食大多与家庭饮食习惯有关，爸爸妈妈喜欢吃什么，不喜欢吃什么孩子都看在眼里，他会以为爸爸妈妈喜欢吃的都是好吃的，而爸爸妈妈不喜欢吃的东西他也不去吃，所以，要想改变孩子偏食、挑食的习惯，爸爸妈妈首先要改变自己的习惯，要“泛食”“杂食”，给孩子起带头作用。

爸爸妈妈还要时刻注意自己的言行，不要告诉孩子什么好吃、什么不好吃，这会误导孩子，也不要关切地询问他今天想吃什么，这样会给孩子一种暗示：不喜欢吃的食物是可以不吃的、自己可以随心所欲地决定自己吃什么。当孩子开始不喜欢吃某种食物时，爸爸妈妈不要承认其“合法性”，爸爸妈妈不要见孩子不吃某些食物就不再给他吃，这就等于给了他偏食的权力，慢慢地他不吃的食物会越来越多。

很多孩子都不喜欢吃深绿色的蔬菜尤其是清炒的蔬菜，爸爸妈妈不必担心，换换花样做菜，孩子就会爱上这些营养丰富的绿色蔬菜了。用盐爆或糖醋的方式做出来的菜就会比较符合孩子的口味，或者在凉拌菜芯中加一些番茄酱，既能让菜变得“有滋有味”，又能给孩子补充身体所需的额外营养，还可以将洋葱、菠菜切成小块，在加番茄酱和乳酪之前先将它们撒在比萨饼或汉堡包中，孩子一般不会吃出来这与原来的汉堡有什么不同。

马铃薯、芒果和甜瓜等食品含有丰富的维生素A和C，如果孩子吃腻了西红柿和菠菜，那不妨让孩子大嚼特嚼这些他们爱吃的食品和水果。孩子是不是每次看到蔬菜汤都会露出一脸厌恶的表情？不要紧，你可以尝试着去做一款美味的水果汤，将三种以上不同颜色的水果切在一块后煮烂过滤，把水果汤放在冰箱中冷藏，水果中也含有很多蔬菜中所含的营养，而香甜的水果汤更能吸引孩子的胃口。

总之，爸爸妈妈要创造一个轻松的环境让孩子进餐，吃多吃少随孩子，孩子就不会觉得吃饭是一种负担，而是一种快乐，他会越来越享受吃饭的过程，也不再和爸爸妈妈作对，不再把吃饭弄得好像在和爸爸妈妈“打仗”一样。

3岁孩子的“牛脾气”

三岁孩子的犟脾气

处于叛逆期的三岁孩子不仅动不动就闹情绪、发脾气、喜欢说“不”，脾气还变得特别犟，他不再像三岁之前那么好哄了。三岁之前的孩子不开心的时候只要爸爸妈妈抱抱、亲亲，他很快就会忘记刚才的不快，而三岁的孩子脾气犟起来就像一头不怕虎的初生牛犊，不管爸爸妈妈是威逼利诱还是连哄带骗，孩子就是不吃那一套，非得按照自己的想法来。

去商店买衣服，孩子非要自己选买什么款式的，如果爸爸妈妈没有买他看中的衣服，而是买了自己满意的那款，那么回到家后，不论爸爸妈妈怎样哄他，他就是不肯穿那套衣服；买玩具也是一样，他喜欢的玩具如果爸爸妈妈不买，他就会一直念叨，直到爸爸妈妈买了为止；让他去做点什么事，他永远拒绝，比如让他把垃圾捡起来扔进垃圾桶里，他像听不到爸爸妈妈说话一样，如果爸爸妈妈坚持让他捡，他也会坚持不捡，一直和爸爸妈妈犟下去；爸爸妈妈急着带他出门，他非要自己穿鞋系鞋带，爸爸妈妈帮他系好了，他就解开自己重新系，爸爸妈妈看他系不好想伸手帮他，他就把爸爸妈妈的手挡开，爸爸妈妈坚持给他系，他就很生气，爸爸妈妈也生气，爸爸妈妈与孩子就这样僵持着……

做父母的都希望自己的孩子乖巧听话，可看着自己家里的“犟小子”“倔丫头”却只能长吁短叹：什么时候我家的孩子能改了这牛脾气我就省心了。爸爸妈妈往往只看到孩子脾气倔的方面，却忘了去思考一下孩子为什么变得这么倔。

三岁的孩子处于“独立期”，自主意识正在萌发，无论穿衣、吃饭、睡觉、玩耍，他们都要自己决定，什么都想尝试，而且不愿意接受别人的帮助，如果爸爸妈妈用不恰当的方式干涉他的行动，他就会抗拒，这就是爸爸妈妈所说的“犟”。这个阶段的孩子还处于“叛逆期”，急于想摆脱爸爸妈妈的控制，什么事情都想自己干，对爸爸妈妈的命令甚至建议都会直接说“不”，不想听从大人的指令，这是孩子要求独立的一种强烈表现，而爸爸妈妈通常却将之视为倔强、任性。

可见，孩子并不是没有理由的“犟”，这是他们身心发展到一定阶段的正常表现，爸爸妈妈不必太过担心，更没必要大动肝火。

过分溺爱孩子也会导致孩子变成“牛脾气”，如今“四二一”的家庭模式让孩子受尽宠爱，即使爸爸妈妈不怎么宠爱孩子，爷爷奶奶、外公外婆对孩子也是有求必应，不管是正当的需求还是任性的要求，老人总是想办法满足，而且老人还容不得父母批评孩子。在溺爱中长大的孩子只要稍微有点不满意就会大发脾气，以哭闹来要挟爸爸妈妈满足自己，逐渐就养成了犟脾气。

如果你发现自己的孩子是个犟脾气，在忙着纠正孩子的时候别忘了看看自己或家人是不是也是犟脾气。孩子最喜欢观察和模仿周围的人，而爸爸妈妈是孩子模仿的最初对象，因为爸爸妈妈是孩子最亲近、接触时间最长的人，孩子不仅会模仿爸爸妈妈的行为，还会模仿爸爸妈妈的语言和神态。比如妈妈叫他去睡觉，而他还想看动画片，恰巧这时妈妈也叫爸爸去睡觉，爸爸忙着玩电脑，理都没理妈妈，这时候孩子就会效仿爸爸的行为，对妈妈的话不加理睬。

对付孩子“牛脾气”，慎用“冷处理”

孩子牛脾气犯了怎么办？孩子刚开始犯牛脾气的时候，爸爸妈妈大多还会哄哄、劝劝，等孩子经常这样的时候就开始不耐烦，好话说了孩子不听，斥责、打骂就成了家常便饭，若孩子还是犟下去，爸爸妈妈就会采取冷处理的方式。也有的爸爸妈妈为了避免被孩子用哭闹“要挟”自己，在不想满足孩子要求的时候就会冷处理，以避免与孩子发生冲突。

但有的时候爸爸妈妈会发现，即使是采用冷处理孩子依旧会和你犟下去。有一个三岁的孩子非常爱哭，脾气还特别犟，每当有什么事不合他心意时他就会哭，并且哭起来没完没了。有时候妈妈让他做什么事他不愿意去做，若妈妈坚持让他做，他就会哭，妈妈生气不理他，他会坐在地上哭着让妈妈抱，但他不会跟着妈妈走，就坐在原地哭泣，若妈妈站在他身边，他也不会主动起来伸出手让妈妈抱，除非妈妈先伸出手。这位妈妈就觉得自己的孩子脾气怎么这么犟。

其实这个孩子之所以脾气这么倔，坐在地上哭着等妈妈回来抱自己，很可能是因为之前他曾用哭闹的方式得到了爸爸妈妈的关心，比如被爸爸妈妈抱起来、哄他。而之后当爸爸妈妈生气地离开他时，他就会使用以前获得成功的手段来胁迫妈妈，但他绝不会爬起来去找妈妈，那样他会认为如果自己跟过去伸开手让妈妈抱，那就不能证明妈妈是爱他的，为了证明妈妈还是爱自己的，他就会延长哭的时间，加重哭的力度直到达到自己的目的。

面对这样的孩子，冷处理是最糟糕的处理方法，僵持的时间越长，给孩子的伤害就越大，直到最后他认定妈妈已经不爱自己了。所以，冷处理并不是最好的处理方法。如果你的孩子也是这样，你就要回想一下以前他哭的时候你是怎么做的，要想改变孩子这种犟脾气，你首先要让孩子知道你是爱他的，告诉他不满足他的要求是因为什么。

三岁的孩子独立自主意识虽然增强了，但他们的理解能力和语言表达能力还不是很好，他们往往只知道自己想干什么，不想干什么，但表达不出自己为什么想做或不想做这件事，当然，他们也不会明白爸爸妈妈为什么会阻止自己。如果这时爸爸妈妈总是用命令的口气告诉孩子做什么，孩子多半就会进行反抗。

改变孩子的犟脾气，爸爸妈妈首先要把孩子当成一个独立的个体进行平等的对话，先弄清楚孩子想要表达什么意思，如果孩子的要求合理，就尽量满足，如果不合理，要给孩子讲清楚原因。多和孩子沟通，事先和孩子交流，给孩子一个心理缓冲的时间，孩子懂了道理就会渐渐改变犟脾气。

不溺爱孩子，给孩子制定规则也是防止孩子形成牛脾气的有效措施。制定了规则就要严格遵守，不管孩子怎样倔强，爸爸妈妈都要坚持底线，不能让他在这种“较量”中占了上风，否则，孩子会越来越蛮横。如果孩子一直无理取闹，爸爸妈妈可采取冷处理的方法，让他尽情发泄，等他哭累了、闹够了，再把他拉到怀里给他讲道理，告诉他哭闹、耍赖是没有用的。孩子一旦形成了犟脾气，不是一次两次就能改正过来，中间会出现反复的情况，爸爸妈妈一定要有耐心，只要能坚持下去，孩子就会变得懂事的。

爸爸妈妈大多被孩子的牛脾气所困扰，却没发现独立、刚毅、坚强的人格特质是不是与牛脾气表现出来的倔强、固执有相似之处，美国心理学家有一项跟踪对比研究发现：高反抗孩子中84%的人意志坚强，有主见；低反抗孩子中只有26%的人才具备这种能力，而大多数不能独立承担任务，做事不果断。

倔强是孩子成长过程中常见的一种行为，脾气倔强的孩子也比较易出现反抗行为，成人往往将孩子的倔强等同于任性、固执，其实，它也是孩子有主见、有毅力的表现。爸爸妈妈在面对牛脾气的孩子时要分清孩子是任性还是固执，对倔强的孩子要针对他的性格特点来引导，不要抹杀了他们的自主意识。

如果孩子的倔强是为了要坚持自己的想法，比如想自己决定买什么款式的衣服、鞋子或用品，想自己决定学画画还是学舞蹈，想自己决定这个周末去哪玩等，这是孩子有主见的表现，爸爸妈妈首先要尊重孩子的想法，再给他适当提出建议，如果他的想法行不通，要给他讲明原因。有的孩子很坚持自己的想法，爸爸妈妈可以给他一两次机会，让他体验一下他的想法带来的后果，这非常有助于培养孩子的判断能力和承受能力。

牛脾气的孩子不仅有好奇心、行动力，还有破坏力，爸爸妈妈越不让他做的事情他就觉得越神秘，也就越想做。有时候一味的说教并不能达到教育的目的，不如把探索和尝试的权利还给孩子，让他自己去亲身经历一次，这样他才能记得深刻。

就是不去幼儿园

妈妈，我不去幼儿园

孩子三岁了，爸爸妈妈开始为孩子物色幼儿园，好不容易给孩子找到一家不错的幼儿园，等入学那天，孩子却死活不肯离开家，就算强行把他带到幼儿园门口，他也会用撕心裂肺的哭声来抗议。每学期开学，几乎所有幼儿园门口都会上演这种“生离死别”的场景。

很少有孩子刚入园的时候会高高兴兴地去，很多孩子早上醒来的第一句话就是“妈妈，我不去幼儿园”，有的孩子还开始赖床，希望能借此拖延时间以达到不去幼儿园的目的。每天早上，爸爸妈妈都要和孩子为去不去幼儿园做一番“斗争”，这样持续一段时间后，爸爸妈妈发现原本活泼爱笑的孩子现在变得沉默寡言，晚上经常做梦大喊“不去幼儿园”，而且一部分孩子自从入园后就经常生病。一些爸爸妈妈看着满眼泪花的孩子心里就开始动摇了：三岁的孩子上幼儿园是不是太早了，晚一年再让孩子上会不会好点呢?

三岁的孩子正处于社交敏感期，他喜欢和其他小朋友玩，但在家庭教养的模式下，三岁未入园的孩子普遍缺乏与同龄孩子交往的环境和机会，容易形成以自我为中心的个性，这会对他的社会化产生不利影响。而幼儿园作为一个集体的生活环境会帮助孩子尽快适应集体生活，让孩子学会如何与他人交往，增加他的社会经验。

而且三岁的孩子免疫力增强，被感染的机会减少，心理发展也到了一个新的阶段，完全能够适应群体生活；三岁的孩子语言能力也开始突飞猛进的发展，他已经能清楚地叙述一件事情，也能较准确地表达自己的内心地感受和情绪；三岁的孩子还具备了一定的自理能力，能避免一些困扰。所以，不论是生理还是心理条件，三岁的孩子都可以上幼儿园了。

如果晚一年或两年去幼儿园，和同龄的孩子上同一个班，别人会的自己的孩子可能不会，这会让他不自信，更不愿意上幼儿园，若和比他小的孩子上同一个班，孩子又会觉得自己比别人都厉害或是觉得因为自己不行才会与比自己小的孩子在同一个班，这样非常不利于孩子的身心健康成长。

孩子拒绝去幼儿园是因为离开爸爸妈妈会产生“分离焦虑症”，适应能力强的孩子在一两周内就能适应幼儿园这个新环境，适应能力差的孩子可能需要一两个月才能适应，爸爸妈妈一定要有耐心和恒心，不要因为孩子拒绝就心软答应他不去幼儿园。

但如果孩子在两个月后每天去幼儿园还非常愁苦，晚上睡觉会惊醒大哭，逐渐变得沉默，不爱说不爱笑，也不爱和别人玩，那爸爸妈妈有必要去幼儿园听一次课，和老师多沟通一下。如果是孩子真的不适合这所幼儿园的教育方式，爸爸妈妈就要考虑给孩子换一所比较能理解孩子和爱孩子的幼儿园；如果不是，就要寻找其他原因，尽快使孩子度过这个时期。

很多爸爸妈妈还发现，自己的孩子不是不喜欢幼儿园，下午接他回家时他还玩得兴高采烈，甚至不愿意回家，在回家的路上还会兴致勃勃地给爸爸妈妈讲幼儿园发生的事，但第二天早上他又会哭着说不去幼儿园。孩子的表现让爸爸妈妈觉得莫名其妙，其实这种情况爸爸妈妈不必担心。这是因为孩子在家待了一晚上，早上去幼儿园的时候，当下的情景使他感到不愿意离开家；而当他在幼儿园待了一天时，幼儿园的情景又使他不愿意离开幼儿园，这是儿童感觉思维的典型状况。爸爸妈妈可以把孩子每天早上的哭当成一种离别的仪式，这样的哭不会对孩子的身心造成伤害。

如何缓解孩子的“分离焦虑”

孩子哭闹着不去幼儿园，入园后出现饮食减少、睡眠不安、情绪不稳、少言寡语甚至是拒绝进食的情况，这些都是孩子入园后产生的“分离焦虑”的外在表现，属于正常现象，爸爸妈妈不必太过着急，要想办法帮助孩子尽快消除这种焦虑情绪。

孩子从出生开始就产生了分离焦虑，并且是不断变化的，刚出生不久的小婴儿只要看到妈妈离开，就会哭；稍大些，只要爸爸在身边，妈妈离开了他也不会哭了；再大一些，其他经常接触的亲人也能安慰他；等再大一些，离开家后，幼儿园的老师也能安慰他……直到最后，他离开所有的人都不会再产生严重的分离焦虑并为之哭泣了。

三岁的孩子正处于离开家进入幼儿园的阶段，这是幼儿第一次正式离开家开始接触社会，孩子一想到一整天都见不到妈妈和任何亲人，他就会有严重的不安全感，进而产生分离焦虑。在孩子分离焦虑不断发展的过程中，妈妈无条件的爱是最重要的。在与别人建立联系时，孩子会受到大大小小的挫折，而妈妈无条件地爱他、接纳他会让他形成深厚的安全感，他会形成这样一种潜意识：遇到什么事都没关系，最后我会回到妈妈身边，妈妈会爱我，我会很安全。所以，从孩子出生开始，妈妈就要给孩子传递这样一个信号：不论遇到什么，妈妈都会无条件地爱你。当孩子有了安全感后，他再去与别人建立联系就会容易得多，不会产生非常严重的分离焦虑。

幼儿园对于孩子来说是一个完全陌生的环境，老师是陌生的，小朋友也是不认识的，他无法对一个完全陌生的环境产生信任，更不会有任何安全感。所以，爸爸妈妈在孩子上幼儿园之前，一定要做好入园准备。利用幼儿园放学时间或公开课的时间，多带孩子去幼儿园走走，让他熟悉一下幼儿园及其周边的环境；在正式入园前带孩子去幼儿园和老师认识一下，最好一块儿玩一次，让他与老师建立基本的联系，这会让孩子对幼儿园和老师产生一种信任。

爸爸妈妈千万不要在平时生活中说“再不听话就送你去幼儿园”之类的话，这些话会让孩子觉得幼儿园是一个非常恐怖的地方，那里的老师都是十分可怕的人，这在无形中就给孩子的心理蒙上了一层阴影，等正式入园的时候孩子会因为惧怕而拒绝入园。相反，爸爸妈妈要让孩子对入园产生一种期待感，告诉他只有平时表现好的孩子才能去幼儿园，哥哥姐姐在幼儿园玩得非常开心，还能学习本领。爸爸妈妈利用孩子想去幼儿园的心理还能让孩子主动学习吃饭、穿衣、洗漱，培养他的自理能力。

在做好了入园准备后，爸爸妈妈也要调整好自己的状态，很多爸爸妈妈在孩子入园时会产生比孩子还严重的分离焦虑，总是担心孩子离开了自己会不会有什么危险，能不能吃好睡好，幼儿园老师对孩子不好怎么办，或者是看到孩子撕心裂肺地哭自己也忍不住在旁边掉眼泪。孩子的心是非常敏感的，如果他觉察到爸爸妈妈的动摇心态时，会强化他不去幼儿园的想法。所以爸爸妈妈一定要保持愉悦的精神状态送孩子入园，并对孩子取得的每一点小小的进步都要进行及时的鼓励，比如夸奖孩子今天去幼儿园的路上就哭了一次，主动和妈妈说再见了等。

面对孩子的哭闹，爸爸妈妈不要表现得太上心，要态度坚决一点，让他知道这个阶段必须要去幼儿园，哭闹是没用的。但爸爸妈妈要记得反复告诉孩子下午几点会来接他回家，并且一定要遵守诺言，不要迟到，否则会让孩子对爸爸妈妈产生不信任感，这对孩子来说将是一场心理灾难。爸爸妈妈一定不要为了哄孩子快点起床而答应他今天不去幼儿园，结果出门后就把孩子带去幼儿园，这种方式会让孩子觉得爸爸妈妈是在骗自己，当孩子觉得连自己最亲的妈妈都不能信任时，他还会信任谁呢?

爸爸妈妈还要注意自己离开幼儿园的方式，不管孩子怎样哭闹，爸爸妈妈一定要记得和孩子说完再见再离开。有些爸爸妈妈觉得送孩子入园后离开时太困难，就索性自己偷偷溜掉，这样会让孩子有一种强烈的被遗弃感，会加重他的分离焦虑。

入园后，多和老师沟通，告诉老师孩子的个性、习惯和喜好，帮助老师尽快掌握自己家孩子的情况。爸爸妈妈还可以给孩子找一个附近的小朋友一块去幼儿园，有了伴后，孩子适应起幼儿园的生活来会比较容易。

下午接孩子回家时，多问问他今天幼儿园都发生了什么好玩的事，认识了几个好朋友，和谁在一起玩了，老师讲什么故事了等，及时理解孩子的心理感受，了解孩子在幼儿园的状况，帮助孩子消除一些不良情绪，让孩子尽快适应幼儿园的生活。入园焦虑是每个孩子都要经历的，度过了这一阶段，大部分孩子就会爱上去幼儿园。

背好的诗怎么总忘记

背过的诗又忘了

三岁孩子的机械记忆能力非常强，能背很多的儿歌和古诗，有句俗话也说“儿童记忆深，就像石头刻道痕”，所以很多爸爸妈妈就利用孩子记忆力强的特点来教他们背古诗词，但事实并不像爸爸妈妈预想的那样，孩子记得快，忘得也快。

“鹅鹅鹅，曲项向天歌，白毛浮绿水，红掌拨清波。”一个星期前孩子还兴致勃勃地背这首古诗，现在却想不起来了，爸爸妈妈用译文和手势提醒他，他还是想不起来，即使勉强背出来也是掉词掉句背不全。有的孩子在三岁时能背好多古诗词，甚至能全部背出《唐诗三百首》《长恨歌》《木兰辞》，可是过了三岁，之前背过的就全部忘光光了。

为什么孩子背过的东西不能保持长久记忆呢？长久记忆就是记忆

要保持很长时间，保持是指已获得的知识经验在头脑中储存和巩固的过程，是识记和恢复(再认和再现)的中间环节，而记忆的保持是一个动态的变化过程，发生着“量”和“质”两方面变化。幼儿原先记住的东西总忘记在心理学上被称为“幼儿期健忘”，这是因为幼儿年龄小，大脑皮质细胞的反应性高，他们比较容易识记所观察到的对象的全部细节，而且幼儿脑皮质的各个区域还没有完全成熟，他识记的材料促使了大脑的发育，而发育的脑区的结构又控制了先发育的脑区，妨碍了原先记忆的东西，所以幼儿不记得三岁之前的事，三岁时记住的东西也会很快忘记。

既然幼儿在三岁时记住的东西很快会忘记，而且就算他记住的东西他一点也不理解，那让孩子背古诗还有没有作用呢，到底还要不要让幼儿背古诗呢?

虽然孩子会忘记，但不代表一点作用也没有，五六岁的孩子某天听到三岁时背过的一首诗时，他知道自己曾经背过这首诗，再念几遍就能轻松地背过，而背一首他从未见过的新诗则需要更长的时间。

而且，以唐宋诗词为首的一些古诗词不仅诗意隽永，读起来还朗朗上口，有一种特别的韵律美，孩子越听越想听，听多了就想自己念自己背。艺术是需要感知的，从小让孩子背一些精美的古诗词，可以陶冶孩子的艺术情操，丰富孩子的想象力，还能发展孩子的语言。

让孩子背诗词不仅是为了锻炼孩子的记忆力，最重要的是训练孩子的大脑。民间有句老话说脑袋越用越灵光，不用会生锈，这句话是有科学依据的。普通大脑约有1000亿个神经功能细胞，但我们开发的大脑潜能平均只有5％左右，约有95％的大脑潜能尚待开发与利用，所以，开发大脑潜能，让孩子变得更聪明是可以做到的。

我们知道，优秀的记忆力是幼儿拥有高智力的必备条件，记忆力越强，幼儿的智力就越高，而与记忆力强弱直接相关的是人脑突触的多少，突触越多，记忆力就越强。当人的感觉器官接收到外界的刺激时，脑细胞间就会形成突触，若在脑突触高速发展的阶段人的感觉器官能受到大量相同信息的刺激，就会产生较多的突触。

所以，经常让幼儿背诵古诗词会刺激大脑产生大量的突触，进而增强幼儿的记忆力，开发孩子的大脑潜能。

永不消失的韵律和意境

中国文字原本就蕴涵着艺术美，而古诗词更以其特有的节奏感、韵律感、美观性等特质在中国五千年的文明史中闪耀着自己的光芒。虽然三岁的孩子并不能理解诗词的意义，但孩子能感受到其语言的精练含蓄、音节的和谐明快以及意境的悠远深长。

那在教孩子背诗词时需要注意什么呢？首先爸爸妈妈要明确这样一个观点：不要强迫孩子。有的孩子喜欢背诗词，有的孩子不喜欢，爸爸妈妈不要把自己的意愿强加给孩子。孩子喜欢背就多背一点，不喜欢背就少背一点或者不背，不要给孩子规定时间和数量。

孩子年龄小，大脑发育不健全，注意力集中时间短，教他背古诗词要激发孩子的兴趣，让孩子自己想背，而不是爸爸妈妈逼着他背。三岁的孩子比较喜欢听故事，爸爸妈妈可以选择一些贴近孩子生活的古诗词，将诗词的内容给孩子描述一下，让他产生一种亲切感，这样比较容易诱发孩子的兴趣，或是将一些古诗词编成故事讲给孩子听，比如教孩子背卢纶的《塞下曲》时，将其内容编成一个将军夜晚在树林中巡逻，林暗风大，误认石为虎，将箭射入石中的故事，并辅以夸张的语气和手势，孩子自然而然就会被吸引。

让孩子爱上古诗词还有一个最简单的方法就是不断地给孩子念那些韵律、意境优美的古诗词，比如“银烛秋光冷画屏，轻罗小扇扑流萤。天阶夜色凉如水，坐看牵牛织女星”“碧玉妆成一树高，万条垂下绿丝绦。不知细叶谁裁出，二月春风似剪刀”等古诗，这些诗的意思孩子并不太能理解，但反复读来，声音特别好听、特别清脆；还有“大漠孤烟直，长河落日圆”“ 月黑雁飞高，单于夜遁逃。欲将轻骑逐，大雪满弓刀”等古诗，虽然这样的场景对孩子来说非常遥远，但这几个字读出来却是那么铿锵有力、掷地有声。只要爸爸妈妈能坚持不懈地给孩子念这些古诗词，孩子会自然而然地爱上这种声音，然后会随着爸爸妈妈一起念，进而自己背。

在教孩子背诵古诗词的时候，一定要给孩子创造一个轻松的氛围，不要让孩子端端正正地坐着，爸爸妈妈在一旁一本正经地教。一首诗可以分在一天内不同的时间或分在好几天背，去幼儿园回来的路上背几句，在家玩游戏的时候背几句，今天学五分钟，明天再学五分钟，让孩子觉得背诗词是一种游戏，一种生活的调剂品，而不是一种任务。教孩子的时候可以创造一种情景，让孩子有一种身临其境的感觉，比如学《鹅》时，爸爸妈妈和孩子一起一边学着鹅的样子，一边做拨水动作，嘴里再念念有词，这样不用几分钟，孩子就能背这首诗了。

有时候学了一段时间，孩子会产生厌倦情绪，这时候爸爸妈妈不要强迫孩子，可以换个方式来背诗。比如和孩子玩“接诗词”的游戏，爸爸妈妈说上句，孩子接下句，或爸爸妈妈说某首诗的前几个字，孩子接下面几个字，然后换过来，孩子先说，爸爸妈妈再接；或者利用孩子好胜的心理使用“激将法”，和孩子比赛谁背的诗词比较多。总之，要提起孩子背诗词的兴趣，如果孩子不想再背了，那爸爸妈妈就随孩子去吧。

孩子记得快，忘得也快，今天背过的诗词说不定第二天早上起来就忘记了，爸爸妈妈不要着急，这是孩子成长过程中的正常现象。忘了没关系，可以再背一次，忘了这首，可以学另外一首，孩子会忘了具体的某首诗，但那种对韵律和意境的感觉是忘不了的。

其实孩子背什么并不是最重要的，只要是能唤起对语言、对生活的热爱的东西，我们都可以让孩子去背，锻炼孩子的记忆力是一方面，让孩子的情感从小受美的熏陶也是很重要的一方面。爸爸妈妈不要把孩子背诗的目标定为孩子会背多少首诗，让孩子背诗的目的不是为了炫耀。背多少首诗对孩子来说并不困难，困难的是让他爱上这些美好的诗词，爱上那些美的东西，孩子忘记了那些诗词也没关系，只要这种热爱美、向往美的情感一旦培养起来，就会变成根深蒂固的东西，将会影响人的一生。

离不开妈妈/爸爸

男孩恋母、女孩恋父

孩子到三岁时会突然发生很多变化，固执、任性、喜欢对大人说“不”，情绪变化大，正应了那句俗语“孩子的脸就像六月的天，说变就变”。弗洛伊德将幼儿三至六岁这个阶段称为“动荡不安的时期”，而且，在这个阶段内，女孩的恋父情结和男孩的恋母情结表现得相当普遍。

恋母情结和恋父情结是由心理学家弗洛伊德发现并提出的。恋母情结是指以本能冲动力为核心的一种欲望，男孩亲母反父，更爱自己的母亲，排斥和嫉恨父亲，它是男性的一种心理倾向，就是无论到什么年纪，都总是服从和依恋母亲，在心理上还没有断乳。而恋父情结是指女孩亲父反母，更爱自己的父亲，将母亲置诸一边，甚至有想取代她位置的愿望。这两种情结都是性心理障碍，也称性心理倒错。

恋母情结和恋父情结在孩子三岁时就会有所表现，比如男孩整天缠着妈妈，不喜欢与父亲在一起，而女孩则更喜欢与父亲在一起玩，与母亲关系开始疏远。有的孩子上幼儿园后会将父亲或母亲常用的东西带在身边，不管是吃饭、睡觉还是玩耍，他都要带着，如果老师趁他午休或不注意的时候将其拿走，孩子发现后就会大哭，直到老师将这个物品归还给他，他也不接受其他人的同类物品。

很多爸爸妈妈都觉得父亲亲女儿、母亲亲儿子是天经地义的，谁对孩子更好孩子自然和谁更亲。其实，这是孩子心理发展过程中存在的一个普遍现象。孩子在三岁左右时开始从与母亲的一体关系中分裂开来，意识里开始清晰地发现了父亲，而孩子从三岁开始也有了性别意识，开始向外界寻求性对象，这个对象首先是双亲，男孩以母亲为选择对象，而女孩则常以父亲为选择对象。我们经常听到三至六岁的孩子说“长大了我要当爸爸的新娘子”或“长大了我要娶妈妈”之类的话，就是这个原因。

恋母或恋母情结是幼儿心理发展的一个必经阶段，这并不恐怖，三岁之前的幼儿一般不会出现这种情况，而六岁之后，这种情况就会自行消亡，大部分孩子都会顺利度过这个时期。但如果爸爸妈妈在无意间助长了孩子的这种心理，将会对孩子将来的生活产生非常不利的影响。

父亲是幼儿生活中的第二个重要人物，作为拆散母婴结合体的建设性分裂者，父亲在幼儿早期心理发展上起着独特的作用。由于母亲主要是在生活上照顾幼儿，而父亲花在幼儿身上的时间大部分是在玩乐上，所以与母亲每天重复、单调而刻板的活动相比，父亲能给幼儿更多新奇、刺激和超出常规的东西，让孩子的生活充满激情。孩子一般会更愿意与父亲在一起玩耍，只有当受到委屈时才回去寻找母亲，以求得安慰。

父亲鼓励和支持幼儿独立和自由，有利于其个性的发展，他是儿子学习男子汉气质的楷模，也是女儿形成女性气质的导引者、支持者和认可者，对幼儿区别性别角色有很大的作用。但父女关系过度亲密并不是好现象，恋父情结过度发展会对女孩的生活产生极其消极的影响。在成长的过程中，如果女孩始终无法与父亲实现心理分离，那她不仅与母亲的关系会越来越疏远，以后与同龄男性的正常交往乃至婚恋也会受到严重影响。恋父情结严重的女孩子总在有意无意地寻找父亲式的恋人，即使找到了，也很容易出现问题，因为恋父的女孩性格大多内向、娇气、任性，而且往往出现性的阻抗。

而恋母情结严重的男孩则容易形成幼稚、依赖、孤僻、不合群的性格，缺乏阳刚之气。这样的男孩长大后心理上依旧不成熟，因为害怕失去母亲的爱，他们会抑制自己的要求和愿望，想处处使母亲满意，讨得母亲欢心。由于过度依赖母亲，他们的言行举止和思维方式都容易女性化，缺乏独立自主意识，没主见，不承担责任，也没有进取精神。

就算是恋爱时，有恋母情结的男人也会按照母亲的标准来选择恋人，要不就是因为害怕承担责任而对任何女人都难以长情，变成“花花公子”。有恋母情结的男人和有恋父情结的女人一样，婚姻都不会幸福。有恋母情结的男人婚后很难与妻子融洽相处，他因为过于在乎母亲而会经常忽略妻子的感受，更不容许妻子说一句母亲的坏话，有的男人更是不论大小事情都要向母亲汇报，经过母亲同意后他才去做，为此，夫妻之间常常怄气，感情的裂缝也会越开越大。

有恋母情结的男孩，其母亲在家庭生活中通常都是比较强势的那一方，即使孩子成年后，潜意识里仍然想控制孩子。母亲的强势形象会影响孩子心中的男女关系模式，成年后寻找伴侣时，他也会下意识地选择和母亲有些相似的强势女人。俗话说“一山不容二虎，一家不容二主”，强势的妻子无法容忍丈夫对婆婆无条件地服从，两个强势的女人在一起生活更容易产生激烈的冲突，这样的家庭成员彼此是绝对无法和谐相处的。

正确引导孩子度过恋父、恋母期

恋父或恋母情结是最早发生的人际关系，也是最基本的人际关系，它将对人长大以后的各种人际关系产生不同程度的影响。孩子在三至六岁这个阶段内会产生恋父或恋母情结，而进入青春期后，这种情结的对象转变为老师、名人或影视明星，再长大些，孩子的恋父或恋母情结的对象逐见年轻化，最终会变为他的同龄人，这时候就会产生真正的友情和恋情。

如果孩子的恋父或恋母情结不能得到正常的发展，那他们将来的生活也会影响。所以，爸爸妈妈在孩子出现恋父或恋母情结时，一定要积极引导。

一般在孩子出现恋父或恋母情结时，如果爸爸妈妈双方对孩子付出的关心和爱护都是平等的，那么孩子就能顺利度过这一阶段，如果父母其中一方对孩子付出得比较多，比如父亲偏爱女儿，母亲偏爱儿子，往往会加重孩子的这种情结。所以爸爸妈妈双方一定要注意不要某一方太溺爱孩子，要让孩子从母亲那里学会爱和关心，从父亲那里学会积极的心态和正确的价值观。

由于三岁的孩子已经有了性别意识，所以爸爸妈妈要及时给孩子进行早期性教育，让孩子明白“男女有别”，让他知道有些事长大了是不能再做的，比如摸着妈妈的乳房睡觉，过分黏着爸爸等行为。当孩子明白了男女有别后，小男孩会主动去模仿父亲，寻找和父亲的认同，而小女孩会主动模仿母亲，寻找和母亲的认同。

当发现女孩过分黏着父亲时，父亲要减少一些和女儿在一起的时间，而让母亲多和孩子接触，行为上多亲近女儿，满足女儿的诉求，减少孩子对父亲的依恋。

为了避免男孩的恋母情结加重，母亲在育儿过程中一定要给孩子引入父亲的形象。不要当着孩子的面发泄对丈夫的不满，也不要当着孩子的面做出对丈夫很差的评价，比如“你什么都做不好”“你不能这样对孩子”“你有什么资格照顾孩子”等，在三岁孩子的眼里，母亲的话是很具有权威性的，如果孩子经常听到母亲说父亲不好，会直接影响父亲在他心中的形象，使父亲在孩子面前丧失威严。

母亲在家里不要太强势，让孩子多和父亲接触，从父亲那里学习男性特有的性格气质和举止神态，这样他长大后才能成为一个被社会所承认的男人。

父母在孩子面前可以大方地表示恩爱，但不要有过于亲昵的举动，母亲也不要在孩子面前穿着过于暴露。

母亲还要让孩子多接触其他的人，把孩子对母亲单一的依恋转移到更多的人身上去，扩大孩子的交往范围能帮助孩子形成开朗大方、善交际的性格，当他品尝到与人交往的快乐后，他就不会一直黏着妈妈了。

母亲可以经常带着孩子参加朋友、亲戚、同事的聚会，或者带孩子去自己工作的单位看一看，让孩子知道妈妈不是围着他一个人转的，妈妈也有自己的事情要做。这样可以减轻孩子想独占妈妈的思想，同时也就减轻了孩子的恋母情结。

CHAPTER 07

开始合作共同游戏——3岁孩子的益智游戏

3岁幼儿的思维活动将会异常活跃，他们对游戏的要求在不知不觉中提高了，可以给任何一样东西加上自己所想象的象征意义，比如把一片树叶想象成一个盘子、一个锅子，甚至是一棵青菜……这么有意思的游戏，3岁幼儿当然不想自己玩了，那会很无聊，所以小伙伴们开始合作的共同游戏开始了。

角色扮演

角色扮演好处多

游戏是三岁幼儿的主导活动，这个年龄段的幼儿想象力非常活跃，他们的游戏也非常有趣，他会把每一件物品都加上他们所想象的象征性意义。三岁的孩子还变得特别爱说话，有人的时候和别人说，没人的时候自己和自己说，三岁的孩子还特别喜欢模仿别人，尤其是模仿爸爸妈妈的一举一动、一言一行。所以，角色扮演游戏就成了三岁孩子的最爱，因为这个游戏不仅给孩子提供了与其他小朋友接触的机会，让他尽情地说话，还满足了他的好奇心和模仿欲。

角色游戏是幼儿通过想象，创造性地模仿现实生活的活动，它能给三岁的幼儿带来许多好处。

首先，角色扮演能激发幼儿的兴趣，让幼儿主动去学习。因为角色扮演游戏能满足幼儿的生理和心理发展需求，激发了他的能动性，所以能使他保持高涨的情绪去探索和学习。

其次，角色扮演能提高孩子的人际交往技能。在角色扮演中，孩子们的行为要与扮演的角色相符合就得把自己放在角色的位置上，用角色的角度看问题，这就需要孩子进行换位思考，而换位思考对孩子的想象力、观察力、思维能力和解决问题能力，都大有好处。

除了换位思考，孩子们还要商量由谁来担任什么角色，使用什么象征性物品及动作，要想使一个游戏顺利进行，就得需要所有参与游戏的孩子共同合作，这在无形之中就锻炼了孩子的人际交往能力。而且孩子在游戏过程当中还要学着怎样控制自己的言行来符合游戏规则，这对孩子的语言发展也起到了不小的促进作用。

社会化是人必须要经历的，而角色扮演游戏就是在帮助孩子社会化。幼儿来到这个社会，就要学习这个社会的各种规范、规则，还要学习这个社会的语言、思维和行为方式，而角色扮演能帮助孩子们尽快学会这些东西，培养他们的自我服务能力、表达能力，以及主动交往能力，让他们顺利地实现社会化。

再次，角色扮演能进一步激发孩子的想象力和创造力。对于三岁的幼儿来说，事实与想象没有多大区别，很多孩子会把自己想象的东西当成真实的事情。因为想象、创造是角色游戏的特征，所以一个轻松活泼的游戏氛围能诱导孩子进一步想象。

激发幼儿的想象力能促进孩子右脑的发展，角色扮演中的模拟对话能刺激孩子左脑的语言中枢，如果孩子的想象力能通过语言表达出来，那角色扮演这个游戏就能促进孩子左右脑的开发，对孩子的智力发展非常有好处。

孩子在角色扮演中模拟各种角色，就会逐渐表现出所扮演角色的行为模式，如果他经常扮演比自己年龄大的哥哥姐姐、爸爸妈妈、爷爷奶奶等角色，日久天长他的思想和行为模式就会变得成熟起来。

除了这些，让孩子扮演成各种小动物做游戏还能锻炼孩子身体各部分的肌肉和身体的协调能力。

小象找妈妈

游戏目标：锻炼孩子的四肢骨骼肌肉、身体协调能力及颈部的灵活性，培养亲子关系。

游戏玩法：先带孩子去动物园或通过看视频来感知大象，然后让孩子扮演小象，告诉他："大象妈妈出去找食物了，很久了还没回来，小象在家饿得不行了，肚子咕噜噜得直叫唤，所以它决定要出去找妈妈，你就是那只小象，现在要出去找妈妈了。"

让孩子双手和双脚都着地，头抬起来，晃晃悠悠地向前走，把道路画的弯曲一些，多拐几个弯，再在场地不远处画相距10～20厘米的平行线，告诉孩子这是水沟，走到这里得四条腿跳过去，跳时双手先跳过去，接着身体重心前移，两脚紧跟着一跳就行了。

小毛驴压场

游戏目标：发育孩子双腿的肌肉骨骼，锻炼孩子的跑步能力、反应能力和身体协调能力，还要让他懂得"谁知盘中餐，粒粒皆辛苦"的道理。

游戏玩法：画一个半径为三米左右的圆圈，秋天里农民伯伯从地里割回大豆放在场里，过去没有机器，只好套上小毛驴压豆子。宝贝现在就是这只小毛驴，要开始压豆豆。拿一根绳一端拴在孩子的衣袖上，一端握在大人手里，大人站在圈中间，让孩子沿着圆圈跑，当听到大人的口令后，孩子要停下来，向相反方向跑。孩子转身往相反方向跑时，注意绳子别绕倒孩子。

看着孩子玩累了，让孩子停下来，拿些水果当粮食喂孩子吃："小毛驴干了这么久的活儿，肯定累了，先吃点东西再接着压豆豆。"在孩子吃东西的时候可趁机给孩子讲讲农民伯伯的辛苦，让他知道每粒粮食都来之不易，不能浪费粮食。

交通安全游戏

游戏目标：让孩子在游戏中增长交通安全知识，提高自我安全防范意识。

游戏玩法：用小椅子在客厅围出一个"十字路口"，爸爸妈妈站在"路口中间"当交警，由孩子扮演开着小轿车的"机动车驾驶人"、骑自行车和推板车的"非机动车驾驶人"、踩滑轮车和牵"狗狗"走路的"行人"等交通参与者，在交警的手势指挥下通过路口。在游戏时可以让孩子向交警问路、求助，让他们学会万一在路上和家人走散后该如何向警察求助，爸爸妈妈要及时纠正孩子错误的交通行为，为孩子普及交通知识。

还可以在适当的位置贴上各种交通安全标志让孩子辨认，游戏结束后，爸爸妈妈和孩子互换角色，让孩子扮演"交警"，爸爸妈妈扮演"路人"，以巩固孩子刚才学到的知识。

互换角色

游戏目标：让孩子学会换位思考，体验对方的感受，学会如何与别人友好相处。

游戏玩法：三岁的孩子与外界接触的机会增多，由于孩子的自我意识还比较强，在与其他小朋友交往的过程中经常会出现争吵、打架现象。有的孩子比较强势，经常欺负别人，爸爸妈妈在教育无效的情况下，不妨找一个经常被他欺负的小朋友，让他们两个互换角色。比如龙龙经常欺负姗姗，就让姗姗在游戏中扮演龙龙，龙龙扮演姗姗，自然，在游戏中扮演龙龙的姗姗要欺负扮演姗姗的龙龙，让龙龙尝一下被欺负的滋味。在体验了被打的滋味后，爸爸妈妈要及时地对他进行引导，启发他该如何和小朋友友好相处。

逛超市

游戏目标：让孩子体验做爸爸妈妈的辛苦，东西并不是自己想要就能买回家的。

游戏玩法：孩子在三岁前可能就玩腻了“过家家”的游戏，他们不再痴迷于扮演爸爸妈妈来照顾宝宝，给宝宝喂饭、穿衣的角色，那就走出家去，让他来扮演妈妈带领大家去逛超市吧！

出门之前，让孩子像爸爸妈妈平时叮嘱他那样，告诉大家今天去超市只能买什么，剩下的想买的东西要到下一次才能买。到超市后，爸爸妈妈就模仿孩子之前的表现，看到这个也想买，看到那个也喜欢，然后缠着孩子让他买下来，孩子可能会说一些爸爸妈妈之前和他说过的话来拒绝，爸爸妈妈不要放弃，继续想别的办法说服孩子。等到买的差不多时，把钱交给孩子，让他去结账，然后边走边和他计算今天买的这些东西总共要花多少钱，一般肯定会超过预算。这时候爸爸妈妈不要说该怎么办，让孩子自己想办法。

通过这次经历之后，孩子下次买东西就会节制自己，但可能没过几次孩子就会变成原来的老样子，没关系，那就让孩子再当一次爸爸妈妈。

当老师

游戏目标：让孩子复习巩固在幼儿园学到的知识，培养孩子语言表达能力。

游戏玩法：三岁的孩子爱说话，还爱模仿，爸爸妈妈可以充分利用孩子的这一特点，让孩子回家后给爸爸妈妈当“小老师”。

爸爸妈妈和孩子可以商量把每天晚饭前或晚饭后的某段时间作为孩子的“上课时间”，在这段时间里，爸爸妈妈要听从“小老师”的指挥，跟小老师学唱儿歌，听小老师讲故事，服从小老师的安排做游戏。当然，三岁的孩子不可能完全把老师教的内容一字不漏地给爸爸妈妈讲一遍， 爸爸妈妈除了要帮助孩子回忆外，还要引导他不必原原本本地按照老师教的内容来讲，可以让他充分发挥自己的想象力来编故事。

视觉—空间智能游戏

什么是视觉-空间智能

爸爸妈妈对“视觉-空间智能”可能不太熟悉，但说到“方向感”，大家就不会觉得陌生了。经常听到有人说自己的方向感不好，一天到晚迷路，在哪个城市都分不清东南西北，这就是由于视觉-空间智能方面的弱势所造成的。方向感不好的人对于空间方位：上、下，左、右，里、外，前、后；方向：东、南、西、北；视觉元素：距离、高低、浅深等因素掌握度较低。如果你不想让自己的孩子也变成“迷途的羔羊”，那从现在开始就培养孩子的视觉-空间智能吧！

视觉-空间智能是指准确地感觉视觉空间，并把所知觉到的表现出来的能力。其实，除了方向感外，视觉-空间智能还包括很多，比如还包括对色彩、线条、形状、形式、空间及它们之间关系的敏感性，也包括将视觉和空间的想法具体地在脑中呈现出来，以及在一个空间的矩阵中很快找出方向的能力。它是人们生活学习的基本能力，设计师、建筑师、摄影师、画家等艺术界、科学界、数学界、文学界的人士都需要有很高的视觉-空间智能。

儿童的视觉-空间智能是一个从静态空间感知到获得动态概念空间的发展过程，从孩子出生开始就可以培养他的视觉-空间智能了。虽然婴儿时期的孩子没有明确的视觉-空间智能概念，视力也还不是很好，但他刚出生时就有听觉，他最初的空间概念表现为能循着妈妈的声音和他的本能寻找到乳头的位置，当他能抬头、转头时就会积极地寻找声源，这时爸爸妈妈就该有意识地运用声音帮助孩子建立方向感了。

当孩子会爬和走的时候，他对周围的事物充满了好奇，这时爸爸妈妈可以给孩子创造一个安全的爬和学走的环境，让孩子在探索爬和走的过程中进一步明确对空间的概念。两岁的孩子其视觉-空间智能会得到进一步发展。

三至五岁是孩子视觉-空间智能发展速度最快的一个时期，如果这个阶段内孩子的视觉-空间智能得到了较好的发展，那么孩子能够对物体的大小、形状、上下、前后、左右、远近产生准确的空间概念，并能通过自身的运动来确定物体的空间位置关系。

这一阶段对开发孩子的视觉-空间智能非常重要，而开发的两个方面主要包括孩子的理解空间和表述空间。画画能够帮助孩子建立大小、形状的概念，搭积木、捏橡皮泥能够帮助孩子建立前后、上下、远近等空间概念，在日常生活中爸爸妈妈也要注意不要和孩子说“这只手、那只手”“走这边还是走那边”等话语，而要明确地告诉孩子

“用右手拿筷子” “走在妈妈的左边”，这样才能帮助孩子建立空间概念。

五至七岁的孩子，其视觉-空间智能又向前进了一大步，他们能够利用明显的标记或路标对物体定位，爸爸妈妈可以通过让孩子熟悉去幼儿园的路程或家附近的道路以及识别交通标志等方式来发展孩子的空间定位能力。

七至十岁孩子的视觉-空间智能已发展得比较成熟，能够利用空间整体结构的信息对空间中物体的位置关系定位，而且孩子在十岁时已开始具有大脑表象旋转能力。

孩子的视觉-空间智能不受时空关系的束缚和客观情理的限制，他们在美术活动中对自己的意愿和希望的表达，对自己思想感情的流露，非常随性，虽然没什么技巧，但想象力十分丰富。所以爸爸妈妈在培养孩子的视觉-空间智能时，可以通过象游戏和视觉游戏来提高。

自制探险车

游戏目标：培养孩子的空间方位概念，训练孩子的逻辑推理能力，促进孩子的眼手协调。

游戏玩法：准备道具包括玩具车、厚纸板或不要的纸箱、双面胶或胶水、剪刀、胶带等。

先把厚纸板减成4厘米大小若干张，作为车子要走的路；再剪一些1.5厘米宽、5厘米长或其他大小的纸板，作为道路分隔岛，并随意地粘在厚纸板道路上，让纸板成为有纵向的、横向的或十字路口的道路；找一部大小适中的玩具车，一边把一块块的道路板纵横交错地接起来，让小车子在上面练习遇到障碍或十字路口要直走或左、右转。

套套杯

游戏目标：帮助孩子建立空间大小的概念。

游戏玩法：可以买市面上出售的外形大小较为整齐的“套套杯”，也可以利用家中废弃不用的各种杯盒，如各种杯子、布丁盒或过家家的小碗，让孩子练习一个套一个。

还可以给孩子准备多种不同的材料，让孩子发挥想象力把这些不同的东西组合成各种形状。像积木、接插玩具、拼图、组合模型之类的组合式玩具是培养孩子视觉-空间智能的最佳选择。

飞舞的萤火虫

游戏目标：通过黑暗与光亮的对比，孩子的视觉得到一种色彩刺激，从而发展孩子的空间视觉。

游戏玩法：准备好纸板、剪刀、透明胶、手电筒等材料。先在纸板上剪出一只小虫的形状，再用透明胶把纸板粘到手电筒上，然后关掉电灯，和孩子一起待在黑暗的房间里，打开手电筒，让灯光照在孩子身边的墙上，移来移去，吸引孩子的注意，鼓励孩子去抓住墙上的“萤火虫”。

投物入圈

游戏目标：锻炼孩子的手眼协调能力，培养孩子的视觉-空间智能。

游戏玩法：在地板上画一个直径50厘米的圆圈，让孩子在半米外站好，然后捡一些报纸团投入圈中，看看孩子能成功地投入几个，每次玩“投物入圈”时可先让孩子投10个报纸团，如果他已能把半数以上的报纸团准确地投入圈子，就可以让他站得更远一点，渐渐把距离延长，一直到他能在2米外百发百中；也可以距离不变，但却把圆圈的范围逐渐画小，由50厘米变成30厘米，甚至更小的直径等。

这个游戏也可以在户外玩，在土地上画个圆圈，让孩子捡些石头来投。相比室内游戏，孩子会更喜欢室外游戏，在孩子寻找石头的过程中，也能锻炼他的手眼协调能力，培养他的视觉-空间智能。

驰骋四方

游戏目标：培养孩子的大小肌肉协调能力、视力、平衡能力，促进孩子的运动发育。

游戏玩法：在带孩子外出散步或玩耍时，选定一棵树或一座凉亭为目标，爸爸妈妈和孩子比赛看谁最先跑到目的地，爸爸妈妈要记得故意让孩子赢，否则孩子会因为输后没了自信心而不愿意再玩。跑到一个目标后，再确定下一个目标继续跑，一直跑到孩子开始喘气才可休息。

这个游戏能使孩子深呼吸而增加送往大脑的氧气，进而使人体控制运动构造包括大脑前后中央脑回、小脑、眼睛，以及耳朵里面的三对半规管不断强大。

打电话

游戏目标：通过不断的问答让孩子仔细观察周围的事物，培养孩子的视觉-空间智能。

游戏玩法：拿两只一端已去掉盖的小空罐或纸盒，在室外各距几米的空间玩“电话”交谈，爸爸妈妈可以问孩子“你现在看到了什么，看到的东西是什么，它是什么颜色，它在做什么？”等问题。爸爸妈妈要用尽量简短的语言来提问，把说话的机会留给孩子，多说会使他控制语言的大脑构造因为得到更多的锻炼而不断强大。

花是什么颜色的

游戏目标：通过寻找的过程不断刺激孩子的视觉，培养他的视觉能力、观察能力和辨别能力。

游戏玩法：在室外玩耍时，可以让孩子仔细观察花圃中的各种鲜花，然后问孩子“红玫瑰在哪里，白月季在哪里，哪朵花是紫罗兰”等问题，让孩子不断地识别各种花的颜色，刺激孩子的视觉。

孩子观察的对象可以是自然界的一花一草，一树一鸟，只要能锻炼孩子的视觉能力就可以。当爸爸妈妈发现了一个有趣的现象时，可以告诉孩子：“妈妈看到一只黄色的小鸟，你知道它的尾巴和脚趾是什么颜色的吗？”这样一来，孩子得先发现那只鸟，接着还要观察那只鸟的尾巴和脚趾是什么颜色。

这个游戏还可以改成让孩子听大千世界的各种声音，比如风吹树叶发出的哗哗声、各种动物的鸣叫声、流水声、汽笛声、救护车的鸣叫声、警车的鸣叫声等。让孩子有意识地去听这些声音，能够刺激他的听觉，在他寻找声源的过程中还能锻炼他对方位的识别能力。

急救游戏

好动的三岁孩子

三岁的孩子好奇心强，喜欢探索，好动，却不知道哪里安全、哪里危险，经常徘徊在“危险边缘”，让爸爸妈妈防不胜防。

虽然三岁的孩子在心理和生理上都有了一定的发展，但毕竟还不成熟，如虽能自己走路但平衡感不好，拐弯时易摔倒，过于自信却判断力不够，常因莽撞而导致意外发生。不同阶段的婴幼儿发生危险的原因和程度是不同的，而三岁的孩子是发生意外最多的阶段。

一岁之前的婴儿由于大多数时间都是被爸爸妈妈抱在手上，受到的保护较多，所以一般不会出现什么危险，即使到了八九个月会爬的阶段，由于活动范围小，出现危险的几率也很小。

一岁和两岁的婴儿慢慢会走路，但步伐不稳、平衡感也不好，天性又喜欢到处探索，比较容易发生意外，但由于刚学会走路，爸爸妈妈比较担心，还是会细心看护，故这个阶段的婴儿出现危险的几率也不大。

而孩子长到三岁时，已经会跑、会跳、活动自如了，但没有安全、危险意识，也缺乏判断安全与危险的能力，加上爸爸妈妈总觉得这个年龄段的孩子有了一定的自理能力，就不再像之前那样细心周到地看护，所以三岁孩子出现意外的几率增高。

四岁以后的孩子，走、跑、跳的动作渐趋成熟，协调、平衡能力渐佳，也有了一定的安全意识，故发生危险的几率降低。

综上所述，三岁是孩子最容易发生意外的年龄段，而且，三岁孩子的活动范围已经不仅仅限于家里，小区、公园、游乐场等公共场所也成了孩子最爱去的地方之一，由于在这些场所一般都是孩子们集体活动，所以，孩子出现意外的几率又增大了。

爸爸妈妈在这个时期一定要看护好自己的孩子，但爸爸妈妈也不能一天二十四小时和孩子形影不离，所以就有必要加强孩子的安全意识，让孩子自己学会照顾自己。有的爸爸妈妈说几乎每天给孩子讲那些安全知识、注意事项，可孩子就是记不住，意外总是不断发生。

由于三岁孩子的身体发展还不完全，就算是记得爸爸妈妈说过的话，身体也配合不了，更何况，以三岁孩子大脑发育的程度，很多话他是记不住的，只有他亲自经历过的事情他才会记忆深刻。虽然我们不能让孩子去故意受伤来体验受伤的滋味，但我们可以通过游戏的方式让孩子学会受伤后的急救常识和处理方式。当孩子明白受伤后该做什么事情时，他就有了心理准备，万一受伤也不会惊慌失措，哇哇大哭，而是镇静地自我急救或是安静等待爸爸妈妈或医生的救援，这对孩子的生理和心理发展有好处。

小熊跌伤了

游戏目标：发展孩子手部的精细动作，从事医护职业的人需要有超强的用手智能，而模仿包扎伤口的每一个步骤，都可以促进宝宝手眼协调能力的发展；孩子通过模仿，会了解医生和护士的职业特点，在游戏中安慰伤者，还能让孩子学会关心弱者，培养爱心和同情心。

游戏玩法：准备自制药箱，毛绒玩具小熊或其他玩具。

爸爸妈妈和孩子先一起做一个急救药箱：剪一个红色的“+”字贴在盒子的顶部，在药箱里放上一卷绷带、一些绵球，一卷药用胶带、一块纱布。

设计一个小熊跌伤了的情境，如果孩子想不出来就由爸爸妈妈来设计，然后玩一个“包扎伤口”的游戏：小熊宝宝走路时不小心被石头绊倒，跌伤了腿，我们来一起给它包扎吧！

爸爸妈妈要先演示一遍包扎伤口的步骤：拿棉球消消毒——涂点药水——放块纱布——用胶带贴好。一边包扎一边安慰小熊宝宝：“很疼吧？下次小心一点儿哦！”

爸爸妈妈做完后，让孩子模仿一遍，孩子可能记不住整个步骤，爸爸妈妈要随时提醒孩子，多练几次孩子就能记住了。最后，爸爸妈妈可以模仿被救助小动物的口气对孩子说：“谢谢你，我现在一点都不疼了。”孩子感到自己能帮助别人会非常有成就感的。

我是医生

游戏目标：孩子通过扮演医生、护士、病人的角色，能学会换位思考，熟悉医生看病的流程后，会不再惧怕去医院看病，不再害怕打针。

游戏玩法：准备好医药箱，放入体温表、注射器、听诊器等医疗常用设备，再准备一些维生素片和包药片用的小纸张。

这个游戏可以由多个小朋友来玩，爸爸妈妈可以扮演病人或者不用参与其中。一个孩子扮演主治医生，一个孩子扮演护士，一个孩子扮演药房的工作人员，一个孩子扮演病人。

孩子们先带好自己的设备各就各位，病人进入房间来看病，医生先问病人："哪里不舒服啊？张开嘴让我看一下。"病人回答完后，医生让护士拿体温表给病人量体温，三分钟后拿出体温表，护士告诉医生病人的体温是多少，然后医生再用听诊器听一下病人的心跳，最后，医生给病人开药方，告诉病人怎样服用药物，护士带着病人去药房拿药。

药房的工作人员看过医生的药方后，给病人抓药，用纸张将药片包起来。

让孩子轮流扮演医生、护士、药房工作人员、病人的角色，如果孩子们因为角色扮演出现争执，爸爸妈妈不要急于去告诉他们怎么做，要让孩子学会自己解决问题。

神奇的注射器

游戏目标：孩子模仿医生给玩具娃娃打针能消除孩子对针筒的畏惧感，孩子推拉针筒，将液体吸进和推出能够锻炼孩子的手部能力，因为这个动作稍微复杂，需要孩子掌握好手的力道才能做得稳妥；在模仿打针的同时，孩子还能直观地感受液体的多少，了解因果关系，为将来学习数学和物理打下建立兴趣的基础。

游戏玩法：准备一套粗一点的注封器、两个杯子和干净的水。

在给玩具娃娃打针之前，爸爸妈妈要告诉孩子只有能熟练地使用注射器后，才能给娃娃打针，要不然会弄疼娃娃的。

爸爸妈妈先给孩子做一次示范：将注射器的前端放人有水的杯子中，向后拉动注射器里的针筒，让孩子看着水如何缓缓地被吸到针筒里；当吸满后，再用力推动针管，使之将注射器里的水再缓缓地喷射到另一个杯子里。

把注射器给孩子，让他自己用注射器来把水从这个杯子里倒到那个杯子里，自由地玩耍。孩子可能会暂时忘了要给娃娃打针的事情，而对注射器能吸水、喷水感兴趣，处在好奇心极其旺盛阶段的三岁孩子很可能会问这是为什么。爸爸妈妈可简单地告诉他这是由于压力的原因才造成这种现象，孩子听不懂没关系，关键是让他知道了这种现象，留下疑问会促使他将来继续探索。

当孩子能熟练地使用注射器时，来和孩子玩给娃娃打针的游戏，还要让孩子安慰生病的娃娃——打针一点都不疼，忍一下就过去了。经常玩这个游戏，孩子生病时就不会害怕打针了。

我是消防员

游戏目标：让孩子了解发生火灾后该做什么来保护自己，增强孩子的自我保护意识。

游戏玩法：孩子扮演消防员，爸爸妈妈扮演失火家庭的主人。

爸爸妈妈假装打电话给119，说自己家失火了，要让孩子接电话时重复一句："我是119，请问您家的具体位置在哪里？"让孩子知道万一家里失火可以打119，并要说清楚失火的具体位置在哪里。

之后孩子假装开着消防车来了，然后让他对着屋里的人喊："不要带火奔跑，用水灭火，没水就趴下打滚，把身上的火灭了。"之后孩子假装拿着水管来灭火，把火扑灭后，再仔细检查一下是不是还有其他地方有火苗未扑灭。

娃娃烫伤了

游戏目标：锻炼孩子的动手能力，让孩子学会烫伤后的基本处理方式。

游戏玩法：准备一个玩具娃娃、冷水、烫伤药膏。

假装玩具娃娃的胳膊烫伤了，爸爸妈妈先给孩子示范一遍处理过程：用冷水将娃娃胳膊的烫伤处清洗一下，之后涂上药膏。如果家中没有药膏，可以用蜂蜜、鸡蛋清或香油涂在伤处，可以消炎止痛。涂完后，要让娃娃的胳膊尽可能暴露，保持干燥，不要包扎，不要用冰块敷在伤处，避免冻伤。

这是轻度烫伤的处理方式，不用去医院，如果孩子出现发烧、局部疼痛加剧、伤处流脓的现象，说明创面已经感染发炎，要去医院请医生处理。

把这些给孩子讲一遍后，让孩子来处理娃娃的烫伤。

时装表演游戏

如何让孩子爱上自己穿脱衣服

从一岁多开始，孩子便开始对自己穿脱衣服感兴趣，但由于手部精细动作的能力还未发育好，孩子还不能自己做到穿脱衣服。刚开始孩子的兴趣还很浓厚，甚至会拒绝爸爸妈妈帮他穿脱衣服，但随着失败的次数增多，有时孩子用十分钟都解不开一个扣子，爸爸妈妈着急，孩子也烦躁，于是，孩子便渐渐不喜欢自己动手，只想让爸爸妈妈来给他穿脱衣服。爸爸妈妈也认为孩子还小，不着急培养他这方面的自理能力。

等到三岁的时候，有的孩子还是不会自己穿脱衣服，爸爸妈妈开始有意地教孩子，但穿反裤子、两条腿伸进一个裤腿里还是经常发生的事。为了避免这种情况的发生，爸爸妈妈可以给孩子买那种有前后标记的衣服，如上衣胸前有他喜欢的小动物，裤子前面有口袋或膝盖上面有图案，这样不仅方便孩子穿衣服，还有利于培养孩子前、后的方位感。

教孩子穿脱衣服最好从夏天开始，因为夏天穿的衣服简单，慢慢穿也不易受凉。夏天学会穿短裤、背心，随着天气逐渐变冷，渐渐增加衣服，也就成了渐渐学习的过程。

刚开始教孩子穿衣服时，他喜欢按照自己的方式来穿，爸爸妈妈不必急于告诉他正确的穿法，让他先按自己的方式来，等他努力了好久还是穿不上时，爸爸妈妈再告诉他，这时候孩子比较能听进别人的话去。

穿衣服的最基本方法为：穿上衣时，衣服的前襟朝外，双手提住衣领的两端，然后从头上向后一披，把衣服披在背上，再将手伸入衣袖；系纽扣时，先把两侧门襟对齐，从最下面的纽扣系起，以免错位；穿裤子时，先分清前后，双手拉住裤腰，坐着将两腿同时伸进裤筒，当脚从裤筒中伸出时，便可站起来，把裤子往上一提，就穿好了。

相对来说，脱衣服就比穿衣服简单多了，脱上衣时，先把纽扣或拉链解开，把衣服退到肩膀下面，再用手将袖子拉下来即可；脱裤子时，双手拉住裤腰两侧，向前一弯腰，把裤子拉到臀部下面，然后坐下来，把两腿从裤筒里脱出来。

穿脱衣服是孩子生活自理能力重要的一部分，爸爸妈妈不能一直包办代替，要让孩子学会自己的事情自己做，还能锻炼孩子身体各部位的精细动作能力。爸爸妈妈还发现，虽然孩子已经能自己熟练地穿脱衣服了，但他却越来越懒，不想自己动手，非要爸爸妈妈帮他不可。

为了提高孩子自己动手的能力，爸爸妈妈不妨让孩子自己来决定每天穿什么衣服，怎样搭配更漂亮，当孩子发现自己能做主时，他的积极性就会得到很大的提高。俗话说爱美之心人皆有之，别看孩子小，他也喜欢把自己打扮得漂亮点，你家的孩子是不是也经常披着被子或床单来装仙女呢？那爸爸妈妈不妨满足孩子的心愿，来给孩子办一场时装秀吧！

给芭比娃娃穿衣服

游戏目标：锻炼孩子穿脱衣服时手部的精细动作。

游戏玩法：孩子由于年龄还小，穿脱衣服对他来说可能比较困难，爸爸妈妈可以让他先练习给玩具娃娃穿脱衣服，等他的手比较灵活时，再自己给自己穿脱衣服。

市面上有卖芭比娃娃全套装的，里面有两个芭比娃娃，还有十几套娃娃的衣服，漂亮的公主裙是小女孩的最爱，她会非常乐意给心爱的娃娃穿上漂亮的裙子的。

如果不想买这种玩具，爸爸妈妈还可以鼓励孩子给他心爱的毛绒玩具穿上他的衣服，孩子会乐此不疲地一直给玩具换衣服，直到他觉得满意为止。

时装走秀

游戏目标：通过穿衣、脱衣、抬胳膊伸腿扣扣子等动作来锻炼孩子的用手能力和对身体的控制能力，发展他的自理能力；在搭配着装的过程，孩子能将他日常观察到的，再加上自己的喜好，重新加以想象和创造，形成自己想要表现的风格，这就能够促进孩子想象力和创造力的发展，同时，也能增强孩子的模仿能力。

游戏玩法：准备一些家庭成员的衣服，最好是方便穿脱的，比如奶奶的背心、爷爷的小袄、妈妈的裙子、孩子的背带裤等，再准备一些帽子、丝巾、钱夹、领带、包包等装饰物。

把这些衣服放在床上或沙发上以便于孩子取放，让孩子自己充分发挥想象力搭配衣服，爸爸妈妈不要以自己的喜好来干扰或强迫孩子。等孩子自己搭配好衣服并穿好时，爸爸妈妈和孩子一起讨论评价：这件衣服的名字是什么，问宝宝为什么要选择这件衣服，你为什么喜欢它……千万别忘了鼓励孩子他搭配的衣服非常个性、非常漂亮哦！

如果有条件，爸爸妈妈还可以用电脑放一支曲子，让孩子像模特一样来走秀，做各种各样的姿势或者模仿家庭成员平时的举动，不甘寂寞的爸爸妈妈可以自己也上来和孩子走一场。

环保创意时装秀

游戏目标：锻炼孩子的想象力、创造力、动手能力，培养孩子的环保意识。

游戏玩法：准备购物袋、大号的黑色垃圾袋、一次性纸杯、挂历纸、树叶、坏掉的蚊帐、不穿的旧衣服等物品。

和孩子发挥想象力用这些废弃物品做成时尚个性的服装，比如把一次性纸杯穿起来做成裙子，用挂历纸做成漂亮的肚兜，或者上身用挂历纸折成的折扇做装饰，下身用树叶做成裙子，可以用蚊帐做成婚纱，大号黑色垃圾袋做成燕尾服，购物袋做成小衬衣，还可以做成动画片里各形象穿的衣服，比如《西游记》里唐僧师徒的造型、《喜羊羊与灰太狼》里各个小羊、灰太狼、红太狼的造型、《葫芦娃》里葫芦娃的造型……

这个游戏最好是多个小朋友一起来玩，大家穿上各式各样的衣服来走秀，肯定会非常好玩的。

3岁幼儿的小“Party”

三岁的孩子爱交往

与两岁时相比，三岁的孩子已经不那么自私了，他开始与别人互换玩具来玩，对爸爸妈妈的依赖也开始减少，他可以和小朋友玩很长时间，而不一定妈妈非要待在他身边。

这是三岁孩子独立自主意识不断发展的结果，他们开始意识到自己是一个独立的人，有自己的想法，能自己做事情，并不一定要听从爸爸妈妈的意见，于是，三岁的孩子开始变得叛逆、不听话。与此同时，三岁的孩子开始步入社交敏感期，他意识到和小朋友分享玩具和食物会得到别人的喜欢，然后别人会和他一起玩，这使他非常高兴。

大部分三岁的孩子都开始进入幼儿园，爸爸妈妈会发现一段时间内，孩子在幼儿园几乎没有朋友，而过了这段时间，孩子会要求爸爸妈妈给他带玩具或糖果到幼儿园，并且会每天坚持带糖果去幼儿园与别人分享，如果爸爸妈妈拒绝，他就会跟爸爸妈妈哭闹纠缠。这是孩子在通过食物或玩具来交朋友，爸爸妈妈不要拒绝孩子，而是要给孩子创造一个宽松的环境，让孩子去尝试用不同的方式来交朋友，当孩子发现不用食物或玩具也能交到朋友或与朋友继续融洽相处时，他就不会再要求带食物或糖果去幼儿园了。

如果家里来了小朋友，三岁的孩子会比较乐意和别人分享自己的玩具，但通常是他不太喜欢的玩具才愿意和别人分享，如果是他最爱的玩具，他可能连碰都不让别人碰一下。不要对三岁的孩子抱有太高的期望，他能和别人分享他的一部分玩具已经很不错了。爸爸妈妈要明白，属于孩子的东西就让孩子自由支配，如果孩子想为那个小朋友提供食物或者玩的东西，爸爸妈妈应该让他自己提供；如果孩子不愿意让那个小朋友玩他的玩具，爸爸妈妈不要强迫孩子，更不要从孩子手里夺过玩具给别人玩，而应该劝说孩子和别人一起分享，若孩子坚持不同意，就不要勉强孩子了，拿另一个玩具给那个小朋友玩，这种让孩子自己做主的过程才能帮助孩子建立自我的概念。

三岁的孩子爱结交伙伴，但没有交际经验，常常会因为自己不当的交往方式而引起别人的误会，爸爸妈妈要教给幼儿一些人际交往的小技巧，除了与别人分享食物和玩具外，让孩子做与其他小朋友一样的动作，一般就会得到友好的回应；孩子想玩别人的东西时，要教孩子说：“哥哥让我玩玩好吗？”孩子刚开始可能因为害怕或羞涩不愿意主动与人交往，爸爸妈妈要不断地鼓励他，消除他的恐惧心理。

由于城市的孩子生活环境比较闭塞，除了幼儿园外，很少有场所能接触到小朋友，但三岁是孩子的社交敏感期，错过了这个关键期，再培养孩子的社交能力就会比较困难。而且这个时期孩子在伙伴中体验到了完全不同于爸爸妈妈及其他成人之间的人际关系，在同小朋友一起游戏的过程中，孩子的知识、想象力和各种社会能力都能得到较充分的发展。这种在伙伴帮助下的自主活动能使孩子认识到自我的存在。所以，在这个时期内，爸爸妈妈一定要为孩子创造同众多的伙伴相互接触的机会，为孩子举办生日派对等多种形式的派对就是一个不错的方法。

室内派对

准备工作：在确定了要举办派对时，就要着手准备邀请卡了。商店里的邀请卡太过单一和流水线化，爸爸妈妈可以和孩子一起来设计邀请卡，不管是一张考究的印花纸还是追求环保的报纸，都可以作为邀请卡的材料，客人可以从邀请卡的材料、色彩和造型上看出主人的品味和心思。

如果爸爸妈妈没有时间和孩子做邀请卡，那不妨礼貌地给被邀请人打个电话，最好在派对开始前两个星期邀请客人，以使客人有足够的时间回复和安排自己的事情。为了方便客人来访，尽量将派对时间订在周末的下午。

爸爸妈妈要和孩子认真沟通，教他如何跟不同的人讲话，询问他自己的派对想邀请谁，不想邀请谁，问他为什么，除了准备邀请卡，还要准备派对装饰，商量派对主题。

如果是生日派对，客人都会带礼物前来，相应的，主人也要准备一些小礼物送给客人，送给小女孩的礼物可以是发卡、首饰之类的小玩意，而送给男孩的礼物可以是球类、水枪等男孩爱玩的玩具。

派对主题除了生日派对外，还可以有很多，比如公主派对、海洋派对、蜘蛛侠派对、迪士尼派对、春天派对等，只要孩子们喜欢，爸爸妈妈就可以创造条件让孩子们尽情玩耍。

一般来说，由于三岁的孩子还太小，一次派对邀请五六个孩子就可以了，时间控制在三个小时左右，如果邀请的孩子太多，时间太长，那本来开心的派对会变成一场难以收拾的闹剧。

派对内容：爸爸妈妈要和孩子在门口迎接每位客人的到来，还可以准备一本签名簿，让孩子和他的小客人将自己的手指蘸上油彩，然后把手印印在签名簿上，而爸爸妈妈则可以在自己家孩子的手印下面写上几句祝福的话。

如果是生日派对，爸爸妈妈就要准备生日蛋糕、蜡烛等，由小朋友们合唱生日歌，然后孩子吹蜡烛、切蛋糕、分蛋糕，这个过程孩子是十分乐意自己来做，不希望爸爸妈妈来帮忙的，所以，爸爸妈妈在一边看着就好。

如果不是生日派对，爸爸妈妈只需准备些糖果、水果、饮料即可，由于放在桌上孩子们拿着不方便，可以在地板上铺一块桌布，将食物放到桌布上，孩子们坐在地上围着桌布吃东西会更自由、更开心的。

除了食物，派对中的小节目对孩子也具有非常强大的吸引力，可以请被邀请的小客人准备点小节目，不管孩子最后表演的怎么样，爸爸妈妈都要鼓励孩子。爸爸妈妈也可以通过魔术类光盘、电视节目书籍等渠道学习些小魔术之类的游戏表演给孩子看，魔术、巫师是孩子梦中永远的旋律，没有哪个孩子能抵挡魔术的魅力，相信爸爸妈妈的魔术表演会成为孩子派对上的一大亮点。

既然是给孩子准备的派对，爸爸妈妈就把大部分时间还给孩子，让他们自由玩耍吧！在玩耍的过程中，难免会出现争吵、抢夺玩具的情况，爸爸妈妈不要过多地干预孩子，让他们学着自己解决矛盾，这也是给他们举行派对的一个目的，当矛盾无法解决时，爸爸妈妈再去进行适当的引导。

大概在派对进行了两个多小时的时候，孩子们就会感到疲倦，这时候就是派对结束的时间啦。

室外派对

准备工作：首先要选择一个合适的地方作为派对的场所，安静、阴凉、平坦宽阔的水边树林或草地是比较理想的地方，这里远离马路、空气好、人相对较少，但要注意这个地方应距离水面300米以上，以防止由于大人看护不周而使孩子不小心走到水里，树木要稀疏， 这样不会阻挡妈妈看孩子的视线，而且，孩子在草地上嬉戏比在水泥地面或土地上好得多，即使摔倒也不会摔疼。

郊外当然是最符合条件的场所，但由于路途较远，万一天气突变或出现意外，来不及及时赶回家或医院，而社区公园比较合适，草地可以随便进入，人也不会太多。

选择好地点后，就要准备派对需要的物品了：野营帐篷是必不可少的，可以遮风挡雨；铺在草地上的塑料布；消毒湿巾；可折叠马扎，能方便爸爸妈妈随时起身追逐跑远的孩子；一次性餐具；创可贴等。

食物、水、水果是必不可少的，如果要到郊外去野餐，最好多带几个帐篷，还有褥子，让吃过饭的孩子在里边午睡休息，爸爸妈妈也可以休息片刻。可以每个家庭都带些食物，放到一起吃，或者由两个人专门负责采购食物，费用大家均摊。

室外派对的时间一般安排在上午比较合适，一则孩子本身起床比较早，二则上午的阳光不那么毒。

派对内容：室外游戏可以随性一点，三岁的孩子最喜欢跑跑跳跳，让他们自己尽情地玩耍就好，不过也可以让孩子挑一些自己的玩具带过去和其他小朋友相互交换着玩。

爸爸妈妈还可以准备些道具给孩子做游戏用。

小动物找食物：准备一些香蕉、苹果、胡萝卜、花生、松子等，把这些食物放在孩子活动的区域内，有的可以稍微放得高一些；然后让孩子挎着“小篮子”到果园找食物，比如看到胡萝卜，要扮成小兔子，一蹦一跳地去采摘，看到香蕉要扮成小猴子跳起来摘……

森林寻宝：这是一个大人也可以参加的游戏，列一份清单让孩子按照清单上的内容来寻找，比如：两片大小相同的圆形树叶、五个形状不同的树枝、三个植物的果实、五个形状可爱的小石头……

找一片树木稍微茂盛点的地方，爸爸妈妈和孩子一起去“寻宝”，将找到的“宝物”装到孩子所拿的袋子里，时间到后大家集合，把寻找到的“宝物”拿出来一起分享。

在室外开派对爸爸妈妈一定要看护好孩子，可以让爸爸们负责外围警戒，消除安全隐患，抓捕外逃的孩子，而妈妈们负责贴身跟着孩子。

和3岁幼儿玩的美工游戏

变废为宝

你是不是发现，自从有了孩子后，家里就添置了不少东西，随着孩子不断长大，添置的东西越来越多，孩子玩具更新的速度也越来越快。每当看着储物间那一堆东西的时候，爸爸妈妈总是很纠结，扔掉吧，都还挺好的，舍不得扔，不扔吧，放着没用，还占地方。

那怎么办呢？我们每天都在喊着要节约资源、要循环利用各种资源，怎么就没想到把这些废弃不用的东西再利用起来呢？孩子总是不停地跟爸爸妈妈要新玩具，可新玩具买回来没几天孩子就玩腻了，还总嚷嚷这些玩具一点意思也没有。那爸爸妈妈不妨和孩子一起动手制作新玩具，既能节省给孩子买新玩具的开支，又能给那些废弃不用的物品找到新的用武之地，还能锻炼孩子的动手能力，培养他的想象力，最重要的是孩子会玩得非常开心。

其实，只要找一些不用的瓶瓶罐罐、包装盒、瓶盖等废旧材料，再准备一些熟悉的美术工具和材料，如水粉、海绵棒、剪刀、胶棒、彩笔、彩色毛线等各种需要的用具，就能做出一些非常有趣的玩具来。

有条件的情况下，爸爸妈妈可以多请几个小朋友到家里来，孩子们在一块儿动手制作玩具不仅可以培养他们之间的友谊，还能培养他们的合作精神。由于三岁的孩子在人际交往方面都没经验，一起制作玩具时也会因意见不一致而出现矛盾，这时就需要爸爸妈妈来引导他们。其实爸爸妈妈要做的并不很多，只要让孩子们意识到如果再争吵下去，就不能在规定的时间内完成作品。孩子是很聪明的，意识到这一点后，他们会学着去商量如何分工合作，如何接纳别人更好的意见。当再次出现分歧的时候，有了上一次不愉快的经验，他们就不会再像上次那样争吵，而是商量着解决问题的办法。孩子们在不断地商讨、探究、尝试后，就会慢慢学会合作，学会怎样解决问题。

蜘蛛网

游戏目标：训练宝宝的精细动作，激发宝宝的想象力。

游戏玩法：准备一块硬纸板，一些彩色的毛线，普通的包装盒就可以，如果没有毛线，也可以用鞋带代替。

先用打孔器或针状物在纸板上打许多小孔，然后把毛线的一头用胶带固定在纸板上，让孩子拿着毛线的另一头开始在各个小孔里穿线。引导孩子想象，看用毛线编织出来的这些美丽图案像什么。

孩子的想象力很丰富，他可能会按照自己的想法乱穿一气，爸爸妈妈不要批评孩子，也不要事先和孩子说要穿成什么样的图案，让孩子完全按照自己的意愿来。虽然孩子穿的可能什么都不像，但如果孩子自己兴致勃勃地说穿的是什么那就是什么，爸爸妈妈千万不能诋毁孩子的创意，更不要打消他的积极性。

这个玩具还可以让孩子反复用，并且每次穿出来的效果都不一样，非常具有趣味性。

“皮影游戏”

游戏目标：发展孩子的视觉，影子是事物的轮廓，孩子通过轮廓，并借由对事物的记忆能联想到事物的细部结构，所以可以说是对视觉记忆的考验活动；还能促进孩子想象力的发展，借由把屏幕另一边所浮上的影子看成狗或蝙蝠等各种东西，可以增进孩子对事物的认知。

游戏玩法：相信爸爸妈妈们还能想起自己小时候看到爸爸妈妈用手组合成各种动物形状时的惊奇吧，虽然这对于三岁的孩子来说有点困难，但爸爸妈妈可以和孩子用废弃的包装盒剪出各种形状的纸偶来玩这个游戏。

在剪纸偶时，孩子会剪出各种各样的形状，可能不是小猫小狗，而是孩子所谓的外星人、奥特曼、大灰狼等形象，让孩子自己充分发挥就好。

做完纸偶后，在有阳光照进屋的墙壁上，或者是晚上，在灯光和白色墙壁之间，爸爸妈妈先拿着纸偶做出各种动作，然后再加上各种各样的对白，比如：“小白兔蹦蹦跳跳要到山上找蘑菇”“蝴蝶飞呀飞地要去采花蜜”等。

然后让孩子发挥想象力，给他剪的纸偶设计一套旁白来表演。不管孩子编的故事有多离谱，爸爸妈妈都要表现出感兴趣的样子，不断鼓励他，让他继续编下去。

纸箱小屋

游戏目标：锻炼运动机能，由于纸箱做的小屋很小，孩子在里面活动时必须猫着腰或者爬行着进出，这样可以使肢体得到充足的锻炼，空间感也会得到强化；满足孩子日益增长的自我意识，促进孩子的社会交往能力，装饰自己的“庇护空间”还能激发孩子的想象力和审美能力。

游戏玩法：不要着急把买电器或家具留下来的纸箱子扔掉，放起来，再准备一些彩笔和彩纸，和孩子一起给他建一个自己的小家。

将大纸箱打开一个口，把四个角固定起来使之不会左右摇晃趴倒，在其他两面可以剪出两个窗户来，并贴上彩纸等使之更像一个“家”的模样，然后让孩子拿着彩笔好好地装饰一下自己的“家”。

还可以让孩子把自己的玩具摆放到里面或装饰自己的“家”，等孩子把它装饰好了，爸爸妈妈可以作为“客人”去到孩子家里做客，然后和孩子挤在里面让孩子给“客人”讲个故事，“客人”要不断称赞这个家真漂亮，让孩子有一种成就感。

孩子还可能进进出出地不停地忙着“搬家”，那就让这个烦人的小孩子自己忙着吧，爸爸妈妈可以趁此机会干一会儿自己的事。

箱子是个“大胃王”

游戏目标：抛球、丢沙袋等游戏是训练孩子放松肌肉和关节很有效的方法，这个动作看似很简单，实则不太容易，因为他要掌握好挥臂与放手的时间，在很长一段时间内，孩子的这个动作看起来都会有些怪异，不太流畅，但确实能有效地发展孩子的运动机能；可以让孩子体会与别人一同玩耍的乐趣，促进孩子的社交能力，还可以培养孩子的空间距离感。

游戏玩法：不要以为纸箱只能给孩子做个“小家”，它还能变成超级能吃的“大胃王”。准备一个大纸箱、彩笔、剪刀和孩子能用手抓住的小球、沙袋、纸团或袜子球等。

爸爸妈妈和孩子先一起把大纸箱装饰一下：首先去掉顶部，然后在两侧用彩笔画上一张大大的人脸，眼睛和嘴巴画得尽可能得大，并用剪刀把眼睛和嘴巴部分剪空，再之后让孩子根据自己的喜好给人脸涂上颜色。

把装饰好的大纸箱放在客厅的中间，先让有缺口的那面朝上，爸爸妈妈和孩子站在距离箱子大概一米远的位置，把揉好的报纸团、小球、袜子球、沙袋等可投掷的东西，向箱子敞开的口里投；然后把画有人脸的那一面朝上，再向里投球，看是从眼睛里进去，还是从嘴巴里进去，爸爸妈妈和孩子比一比，看看谁投进去的比较多。

由于爸爸妈妈和孩子的能力相差比较大，玩了几次后，孩子可能因为总也赢不过爸爸妈妈而丧失兴趣。爸爸妈妈可以约几个和孩子差不多年龄的小朋友来一起玩，这样不仅提高了孩子的兴致，还能让他学会“分享”。

手帕变香蕉

游戏目标：发展孩子手指肌肉的精细动作能力，促进手指的灵活性，发展手脑并用的机能；借由重复假装的游戏，可以提升孩子的智力，发展孩子的想象力。

游戏玩法：准备两块方手帕，爸爸妈妈一块，孩子一块。爸爸妈妈先给孩子做示范：把手帕的四个角分别向着中心折，使之变成一个小的四边形，然后一只手捏着中间的点连同四个角，另一只手顺势攥住垂下来的部分，另一只手再松开，再分别把尖角的部分向下拉一拉，一只手帕香蕉就折好了。

这个游戏对孩子来说可能会难一些，爸爸妈妈示范完一遍后，再拆开，重新做，这次爸爸妈妈折一步，孩子跟着学一步，最后两人手里都拿着一只香蕉。不要笑话孩子折得一点都不像，关键是锻炼孩子手部的能力。

折完了，爸爸妈妈还可以和孩子顺便玩一下吃香蕉的游戏，妈妈喂孩子吃，孩子喂妈妈吃，妈妈记得要夸奖孩子说："谢谢宝贝，宝贝的香蕉真好吃呀！"

我是小果农

游戏目标：锻炼孩子的下肢力量和弹跳能力，培养孩子的劳动意识。

游戏玩法：准备一些水果的图片，可以是买的幼儿认知图片，也可以是从报纸上、书本上剪下来的图片，用曲别针别在细绳上，如果细绳不好找，就用鞋带代替；再用硬纸板给孩子做一个盛水果用的小篮子。

爸爸妈妈抓牢挂有水果图片的绳子的一端，并举到适当的高度，表示果园；孩子提着小篮子来到"果园"，用力跳起摘果子，把摘到的果子放进篮子里。

在游戏的过程中，爸爸妈妈要把氛围制造得轻松活泼些，可以让孩子唱着儿歌来采摘。如果孩子不愿当果农了，那爸爸妈妈就和孩子换换角色，爸爸妈妈当果农，和孩子比赛看谁摘得多。不过孩子拿着绳子是可以随便晃动的，爸爸妈妈要摘到“移动”的果子可就没那么容易了，这会让孩子觉得非常好玩，而愿意继续玩下去。